KB007339

# 저도 과학은 어렵습니다만

# 저도 과학은 어렵습니다만

털보 과학관장이 들려주는 세상물정의 과학

2018년 1월 5일 초판 1쇄 발행
2023년 9월 5일 초판 17쇄 발행

지은이 이정모
펴낸이 조시현
편집 박은희
펴낸곳 도서출판 바틀비
주소 04019 서울시 마포구 동교로8안길 14, 미도맨션 4동 301호
전화 02-335-5306
팩시밀리 02-3142-2559
출판등록 제2021-000312호

홈페이지 www.bartleby.kr
인스타 @withbartleby
페이스북 www.facebook.com/withbartleby
블로그 blog.naver.com/bartleby_book
이메일 bartleby_book@naver.com


ISBN 979-11-962505-1-5 03400

책값은 뒤표지에 있습니다.
잘못된 책은 구입하신 서점에서 바꿔드립니다.

털보 과학관장이 들려주는

세상물정의 과학

# 저도 과학은 어렵습니다만

이정모 지음

바틀비

## 추천의 글

"이정모식 글쓰기다. 과학을 이야기하지만 인간을 말한다. 유머로 가득하지만 통찰의 끈을 놓치지 않는다. 그래서 이정모의 글은 무조건 믿고 본다. 영국은 어떨지 모르겠지만 적어도 나는 이정모와 셰익스피어를 바꿀 생각이 없다. 셰익스피어는 과학을 모르니까."

— **김상욱**, 부산대 물리교육과 교수

"이정모 선생은 과학저술분야의 업계 라이벌이다. 물론 라이벌이라는 건 내 생각일 뿐 작품의 질이나 판매량 모두에서 아직 나는 한참 못 미친다. 일상생활에서 벌어지는 과학적 사건들을 재미있게 쓴 이번 책을 읽으면서 우리 둘의 격차를 다시금 절감한다. 이정모 선생님, 언젠간 꼭 따라잡고 말 겁니다. 10년만 기다리세요."

— **서민**, 단국대 기생충학과 교수

"이정모의 글은 늘 재밌다. 유머가 넘친다. 때로는 정이 흐르고 한걸음 더 나아가서 정의롭기까지 하다. 그런 그의 글들이 강물처럼 흘러들어 『저도 과학은 어렵습니다만』이 되었다. 뭘 더 바라겠는가."

—**이명현**, 과학저술가 · 천문학자

"이정모 관장님은 궁금증이 유달리 많은, 세상 속 비밀들을 유독 많이 알고 있는, 거기에다 이야기까지 유난히 재미나게 잘 풀어내는 과학자다. 시간이 없을 때는 그의 글을 읽지 마시라. 읽다 보면 빠져든다. 하지만 약속에 늦더라도 그의 글을 읽는 것이 남는 장사다. 기억나는 대목들만 언급해도 곧 모두가 당신의 수다에 귀 기울이게 될 테니까. 그만큼 그의 과학 이야기들은 알차고 재미있다."

—**장동선**, 뇌과학자

"자신조차도 어렵다고 말하는 과학으로 훨씬 더 복잡한 세상을 풀어내지만, 너무도 흥미진진해서 끝까지 고개를 주억거리게 만드는 책. 이쯤 되면 제목은 그저 반어법의 좋은 적용례일 뿐!"

—**하리하라**, 과학 커뮤니케이터

## 과학은 삶의 태도다

도대체 과학이란 무엇인가? 우리는 왜 과학을 하는가? 나라를 운영하는 사람들이 갖추어야 할 최소한의 과학 교양은 어디까지일까? 요즘 끊이지 않고 나오는 질문이다.

참담하다. TV에서, 그것도 장관 후보자 청문회에서 6천 년이라는 신앙적 지구 나이와 46억 년이라는 과학적 지구 나이가 따로 있다는 이야기를 듣게 될 줄은 몰랐다. 더 놀라운 것은 이러한 창조과학 관련 발언이 심각한 것으로 받아들여지지 않았다는 사실이다. 그보다는 뉴라이트 역사관이나 벤처기업 육성 방안에 대한 질문에 별다른 전문성이 없는 답변을 했다는 것이 더 문제가 되었다. 지구의 나이를 6천 년이라고 믿는 것은 큰 문제가 아니라고 보는 듯했다. 뭐, 이해한다. 청와대도 그런 것처럼 보이니 말이다. 하여간 참담하다.

과학이란 무엇일까? 인류의 역사는 과학의 역사다. 나는 왜 엄마 아빠와 닮았는가, 우주는 어떻게 생겼고 얼마나 큰가, 바람은 어디에서 와서 어디로 가는가, 하늘은 왜 파랗고 밤하늘은 왜 어두운지가 궁금했던 까마득한 옛날부터 과학은 이미 시작되었다. 과학의 시작은 질문이니까 말이다.

과학은 단순한 지식이 아니다. 불과 수백 년 전까지만 해도 모든 천체는 지구를 중심으로 돌아야 했다. 왜? 아리스토텔레스 선생님께서 그렇게 말씀하셨기 때문이다. 당연히 우주에는 위성이 있는 행성이나 행성이 있는 항성은 있을 수 없었다. 그의 권위는 중세 교회의 권위와 맞물리면서 너무나 커져서 아무도 도전장을 내밀지 못했다. 설사 위성이 있는 행성을 발견했다고 하더라도 침묵해야 했다. 작은 증거만으로 천동설이라는 어마어마한 우주체계를 통째로 무너뜨릴 자신이 없었을 테니까. 목숨이 아깝기도 했고….

이때 네덜란드에서 망원경이 등장했다. 그리고 하필 그때 이탈리아에서는 갈릴레오 갈릴레이가 살고 있었다. 1609년 갈릴레이는 직접 제작한 망원경으로 하늘을 봤다. 그리고 목성에서 위성을 무려 네 개나 발견했다. 목성의 위성은 천동설을 무너뜨리는 논리 가운데 하나로 작용했다. 모든 것은 논리다. 우주선을 타고 높이 올라가 태양계를 내려다보면서 행성이 태양 주변을 도는 모습을 본 사람은 아무도 없다.

목성에 있는 네 개의 위성은 자기중심적인 우주관을 바꾸었다. 하지만 그게 진실은 아니었다. 관측 기술이 발달하면서 목성의 위성은 한동안 67개에 이르렀다. 그러다가 2017

년 봄이 되자 69개가 되었다. 과학을 지식으로 여긴다면 우리는 매일 틀린 지식을 쌓고 있는 셈이다. 틀린 것으로 증명될 수 있는 것만 과학의 대상이 될 수 있기 때문이다. 허망한 일이다.

칼 세이건은 "과학은 단순히 지식의 집합이 아니다. 과학은 생각하는 방법이다"라고 했다. 존경하는 물리학자 김상욱 교수는 "과학은 지식의 집합체가 아니라 세상을 대하는 태도이자 사고방식"이라고 했다. 같은 말이다. 생각하는 방법에 따라 삶의 태도가 달라지기 때문이다.

과학적인 지식은 빨리 늘어나고 널리 퍼지는 데 비해 생각하는 방법과 삶의 태도는 중세시대나 지금이나 거의 바뀌고 있지 않다. 지식을 쌓는 것은 부지런하기만 하면 되지만 생각하는 방법과 삶의 태도를 바꾸는 데는 연습이 필요하다. 그런데 그 연습을 할 수 있는 곳이 없다. 설사 연습을 하려고 해도 정밀한 계산을 요구하는 경우가 많아 너무 어렵고 금방 지치고 싫증나게 하는 것투성이다.

창조과학자들만큼이나 내 마음을 심란하게 만드는 사람들은 환경을 아끼고 기꺼이 자기 시간과 에너지를 투자해서 환경을 지키는 운동을 하는 분들이다. 창조과학자들처럼 이들도 심성이 대체로 곱다. 그래서 더 안타깝다. 북극해의 작은 얼음덩어리에서 어쩔 줄 몰라 하는 바짝 마른 흰곰 사진은 지구온난화를 극적으로 설명하는 데 부족하지 않다. 하지만 북극의 빙산이 녹아서 남태평양의 작은 섬이 물에 잠긴다는 이야기는 사실이 아니다. 북극 빙산들은 물 위에 떠 있으며 물에 잠긴 빙산의 부피는 같은 무게의 물보다 크기 때문이다.

북극해의 얼음이 다 녹더라도 해수면은 고작 1밀리미터만 상승할 것이다. 빙산은 대부분 이미 물에 담겨져 있고 얼음이 녹아 물이 되면 부피는 오히려 줄어들기 때문이다. 물론 북극의 빙산이 사라지면 햇빛을 반사하는 양이 줄어들어서 육지의 빙하가 녹는 속도를 빠르게 하고 결과적으로 해수면이 상승할 수 있다. 그러나 이때의 해수면 상승은 빙하가 녹아서 담수가 바닷물로 흘러 들어왔기 때문이 아니라 주로 기온이 상승하면서 생긴 바닷물의 열팽창 때문이다. 과학은 짐작이 아니다. 계산이다.

나도 과학은 잘 모른다. 하지만 우리가 조금만 더 과학적이면 좋겠다. 세상을 조금만 더 합리적으로 본다면 우리의 삶의 조건도 바뀌지 않을까?

## 차례

( 4 부 )

## 같이 좀 살아갑시다



( 5 부 )

## 조금 더 나은 미래

( 1 부 )

# 삶의 균형

# 좋은 것과 나쁜 것의 균형

오스트레일리아에 사는 코알라는 묘한 매력을 준다. 사진만 봐도 저절로 호감이 생긴다. 맨날 나무에 매달려서 반쯤 졸고 있는 모습이 귀엽다. 배에 있는 육아낭에서 새끼를 키우는 유대류라서인지 새끼를 지극히 사랑하는 어미의 상징처럼 보이기도 한다. 하지만 귀엽다고 가까이 다가갔다가는 악취에 질겁하게 된다.

코알라는 유대류 버전의 나무늘보다. 게으르기가 이루 말할 수 없다. 보금자리를 만들지도 않지만 나무늘보만큼이나 꼼짝하지 않는다. 하루에 스무 시간을 잔다. 왜 이렇게 자는 걸까? 뭐, 스무 시간을 자도 사는 데 문제가 없으니 잠을 많이 잘 수도 있겠지만, 세상에 궁금한 것도 많을 텐데 나무 위에서 잠만 자는 게 이상하지 않을 수 없다.

해답은 코알라가 매달려서 졸다가 먹다가 하는 나무에 있다. 그 나무가 바로 유칼립투스. 코알라는 오로지 유칼립투스 잎만 먹고 산다. 유칼립투스에는 알코올 성분이 있다. 그러니까 코알라는 하루 종일 취해 있는 셈이다. 그러고 보니 코가 아주 큰 게 꼭 술 취한 코주부 영감처럼 보인다. 덕분에 가끔 나무에서 떨어진다. 넘어진 김에 쉬어간다고 나무에서 떨어진 코알라는 흙에서 염분을 섭취한다.

그런데 다른 동물들은 유칼립투스를 먹지 못한다. 유칼립투스 잎은 독성이 강하기 때문이다. 쥐에게 유칼립투스 잎을 먹이면 금방 죽을 정도다. 그렇다면 코알라는 어떻게 유칼립투스만 먹고 살까? 자기 힘이 아니다. 장 안에 있는 미생물의 힘으로 산다. 동물은 섬유질을 소화하는 효소를 10여 가지 정도만 만들어낸다. 하지만 장내 세균은 수천 개의 섬유 분해 효소를 분비한다.

과학자들은 쥐에게 코알라의 장내 세균을 이식해보았다. 실험쥐들은 유칼립투스 잎을 먹고도 살아남았다. 흥미롭게도 쥐에게 처음에는 유칼립투스 잎을 아주 조금 주다가 유칼립투스의 양을 조금씩 꾸준히 늘렸더니 장내 세균 유형이 코알라의 장 속과 비슷해졌다. 아무래도 오스트레일리아에 살던 세균들은 코알라를 자신의 거처로 선택한 것 같다.

그렇다면 코알라의 새끼는 어떨까? 갓 태어난 코알라 새끼의 뱃속에 복잡한 장내 세균이 있을 리는 만무한데, 코알라는 새끼에게 장내 세균을 어떻게 전달할까? 코알라는 유대류다. 처음 태어날 때는 몸무게가 1그램도 안 된다. 털이 나지 않은 미숙아로 태어난다. 모든 유대류가 그렇다. 우선 육아낭 속에서 젖을 빨면서 산다. 그런데 신기하게도 코알라의 육아낭은 거꾸로 달렸다. 캥거루 새끼가 어미와 똑같은 세상을 보는 것과는 달리 코알라 새끼는 육아낭에서 고개를 내밀면 어미 엉덩이가 보인다.

코알라 새끼는 젖을 뗄 무렵이 되면 어미의 항문에 입을 대고 어미의 똥을 먹는다. 똥 속에는 반쯤 소화된 유칼립투스 잎이 들어 있다. 이런 식으로 유칼립투스를 먹는 연습을 시작한다. 그 똥에는 어미의 장내 세균이 들어 있다. 어미 똥을 통해서 유칼립투스 잎에 대한 맛을 알게 될 무렵이면 새끼의 장 속에도 유칼립투스의 독성을 제거하고 소화시키는 세균이 풍성해진다. 어미 똥을 잘 먹기 위해서는 자연스럽게 육아낭에서 나오는 일이 잦아지는데 어느 순간이 지나면 몸집이 불어서 더 이상 육아낭으로 돌아가지 못한다. 그 후에도 어미 등에 여섯 달 정도 매달려 살면서 실제 유칼립투스 잎을 먹는 연습을 한다.

우리가 체질이라고 생각하는 것도 많은 경우 장내 세균의 결과인 경우가 많다. 비만도 그러하다. 물만 먹어도 살찐다는 말은 100퍼센트 거짓말이다. 하지만 상당히 많이 먹는데도 불구하고 살이 찌지 않는 사람이 있다. 장 속에 살고 있는 특정 세균이 효소와 호르몬 분비를 조절해서 체중과 혈당을 감소시키기 때문이다. 장 속에도 세균 종의 다양성이 필요하다. 어떻게 좋은 균만 갖고 살겠는가, 나쁜 균들도 많을 것이다. 좋은 균과 나쁜 균의 힘의 균형이 어디에 있느냐가 중요하다.

# 독일 사람들도 그랬어

1992년 6월 말 독일로 유학을 떠났다. 대학에 입학하기 전 어학원에서 독일어를 배우면서 평범한 독일 가정에서 하숙할 때의 일이다.

주인아저씨인 콜베르크 할아버지는 은퇴를 6개월 앞둔 공무원으로 말이 거의 없었지만 그의 아내인 마리아 할머니는 입을 잠시라도 쉬면 혀에서 바늘이 돋을 것 같은 명랑한 분이었다. 덕분에 나는 마리아 할머니와 수다를 떨며 독일어를 연습할 수 있었다. 저녁이 되면 우리 셋은 거실에 모여 책을 읽었다. 나는 내 방에서 책을 보고 싶었지만 마리아 할머니는 에너지를 아껴야 지구를 살린다며 나를 불러냈다. 자기 전에는 낮 동안 창가에 두어서 따뜻하게 데워진 맥주를 함께 마셨다. (이렇게 맥주를 마시는 사람은 그 뒤로 보지 못했다.)

그럭저럭 한 달이 지날 무렵 조용했던 우리 하숙집이 시끄러워지기 시작했다. 원래는 말이 엄청 많지만 독일어를 잘하지 못해서 과묵할 수밖에 없었던 내 말문이 마침내 트이기 시작한 것이다. 마리아 할머니는 숙제를 도와주던 수준에서 벗어나 나와 개인적인 이야기도 나누었다.

그녀는 자랑할 게 참 많은 분이었다. 처음에는 스페인에서 의학을 공부하는 큰아들과 독일에서 치의학을 공부하면서 축구 심판으로 일하는 작은아들 자랑을 늘어놓았다. 얼마든지 들어줄 수 있는 자랑이고, 훌륭한 아드님을 두셨다고 맞장구를 쳐드렸다. 할머니의 자랑은 별 시시콜콜한 것으로까지 이어졌다. 독일 세탁기의 뛰어난 에너지 효율에서부터 도로 표지판의 합리성에 이르기까지…….

좀 귀찮아질 무렵이었다. 마리아 할머니는 내가 미리 지불한 석 달치 하숙비로 비디오플레이어를 구입했다. 연결을 도와주겠다는 내 호의를 거절한 채 혼자 낑낑대며 설치를 마치고는 비디오플레이어에 대한 강의를 시작했다. 그 기계는 텔레비전 프로그램을 녹화해서 나중에 다시 볼 수 있는 엄청난 장치라는 것이다.

"정모, 너는 이런 것을 상상이나 해봤어?"

나는 한국의 거의 모든 가정에 이런 것이 있으며, 동영상을 직접 촬영할 수 있는 비디오카메라도 웬만한 집에는 다 있다고 대답했다. 할머니는 내가 샘이 나서 거짓말을 한다고 생각하는 것 같았다.

마리아 할머니는 자기 식구가 네 명인데 차가 세 대나 있다고 자랑했다. 나는 한국의 우리 집에도 차가 한 대 있으며 곧 독일에서도 차를 살 것이라고 응수했다. 할머니는 그럴 리가 없다면서 조간신문을 가져왔다. 거기에는 한국 직장인들이 여름휴가를 3~4일 정도밖에 안 간다는 기사가 실려 있었다. 할머니는 2~3주씩 여름휴가를 가는 독일 사람들과 달리 겨우 3~4일밖에 휴가를 못 가는 사람들이 무슨 차가 있느냐고 따졌다. 나는 이렇게 반격했다.

"마리아 할머니, 할머니는 한국에 못 가봤지만 저는 독일에 와서 살고 있잖아요!"

이때부터 우리의 관계는 살짝 냉랭해졌고 형식적인 인사를 주고받았다.

그러던 어느 주말, 바르셀로나 올림픽이 개막됐다. 마리아 할머니는 나를 억지로 텔레비전 앞에 앉혀놓고는 정성스럽게 데워놓은 맥주를 대접하면서 독일 선수들의 선전을 내 눈으로 보게 했다. 마리아 할머니는 신이 난 것 같았다. 그런데 독일 아나운서는 "우리 자랑스러운 독일 선수가 금메달을 목에 걸었습니다"라고 말하지 않고 "아헨 공대 학생이 금메달을 땄습니다"라고 말했다. 내가 물었다.

"독일 사람이 딴 겁니까, 아헨 사람이 딴 겁니까?"

"아헨 사람이 메달을 딴 거지."

독일에 대한 자부심이 아주 강한 할머니라고 생각했는데 의외였다. 올림픽은 국가적인 대사라기보다는 최선을 다하는 선수들의 잔치라는 게 평범한 독일 할머니의 생각이었다.

1992년 8월 9일 늦은 저녁 시간, 황영조 선수가 56년 만에 올림픽 마라톤 경기에서 우승했다. 나는 감격한 나머지 1936년 베를린 올림픽 마라톤 대회에서 우승한 선수도 사실은 일본 사람이 아니라 한국 사람이었으며, 나치가 올림픽을 선전도구로 이용하였지만 오히려 조선 같은 식민지 사람들은 어떤 희망을 얻기도 했다고 되지도 않는 독일말로 떠들었다.

마리아 할머니가 조용히 물었다.

"이번에 마라톤에서 금메달을 딴 선수가 너와 같은 도시 출신이야?"

황영조가 삼척 출신이라는 것을 알 턱이 없는 나는 모른다고 대답했다. 그리고 감격에 겨워 외쳤다.

"중요한 것은 그가 한국 사람이라는 것입니다."

그러자 말없이 따뜻한 맥주만 마시던 콜베르크 할아버지가 한마디 했다.

"나치 시대에 독일 사람들도 그랬어."

아직도 그 말이 잊히지 않는다.

# 버텨주는 것

"20여 년 만의 무더위가 찾아오고 또 임원들이 자주 자리를 비우고 있는 상황에서도 모두 열심히 일해주셔서 감사합니다. 미꾸라지 한 마리가 일으킨 흙탕물도 맑게 가라앉으려면 긴 시간이 필요합니다. 또한 그 맑은 물을 유지하려면 서로에 대한 배려가 필요하겠지요. (에어컨이 고장 나서) 사무실이 덥다 보니 일할 때 짜증도 나겠지만 그럴수록 서로에 대한 배려가 필요할 것입니다. 내가 더우면 남들도 더운 것이고, 내가 배고프면 다른 사람들도 배가 고플 테니까요. 내가 억울하다는 생각이 들면 다른 사람들도 마찬가지로 억울하다는 생각이 들 것입니다. 군대 다녀온 사람들은 마치 자기만 힘든 군대 생활을 한 것처럼 말하지만 사실은 누구나 힘든 군대 생활을 한 것입니다. 회사에 직원이 많아질수록 서로에 대한 배려가 더 필요합니다. 좀 더 파이팅 합시다."

모 중소기업의 대표가 직원들에게 보냈다는 단체 카톡

내용이다. 원문을 그대로 인용하면 좋겠지만 맞춤법이 엉망인데다가 비문과 오문이 점철되어 있고 게다가 예의가 없어도 너무 없어서 차마 그대로 옮기지 못하고 고쳐서 인용하였다. 대표의 카톡에 대한 직원들의 반응은 썩 좋아 보이지 않는다. 직원들은 '에어컨이 망가져서 미안하다. 얼른 수리하겠다'라는 간단한 말을 기대했는데, 불평을 한 누군가를 '미꾸라지' 취급했다.

에어컨 망가진 사무실에서 일어난 대표와 직원 사이의 갈등에 끼어들 생각은 추호도 없다. 다만 과학적인 사실은 좀 알려주고 싶다. 바로 미꾸라지에 대해서. "미꾸라지 한 마리가 온 웅덩이를 흐려놓는다"라는 속담이 있다. 한 사람의 좋지 않은 행동이 어떤 집단이나 여러 사람에게 나쁜 영향을 끼친다는 것을 일컫는 속담이다. 미꾸라지에게는 너무나 억울한 이야기다.

미꾸라지는 잉어목(目)에 속하는 물고기로 한자로는 '미꾸라지 추'를 써서 추어라고 한다. 미꾸라지를 미꾸리라고 부르기도 하는데 사실 미꾸리라는 물고기는 따로 있다. 미꾸리와 미꾸라지를 수염으로 구분하기도 하고 또 몸통을 손으로 쥐었을 때 둥근 느낌이 들면 미꾸리, 납작한 느낌이 들면 미꾸라지라고 구별하기도 한다. 그렇게 구분을 할 수 있다는 말이지 일반인이 실제로 구분하기는 어렵다. 대체로 아주 큰 놈들을 미꾸리라고 보면 어느 정도 맞다. (일본에는 미꾸리만 있고 미꾸라지는 없으며, 중국에서는 미꾸라지와 미꾸리를 구분하지 않는다.)

우리가 미꾸라지를 나쁜 비유에 사용할 이유가 전혀 없다. 미꾸라지는 보양식이 될 뿐만 아니라 우리 삶의 질을 높여주기 때문이다. 미꾸라지는 모기 애벌레인 장구벌레를 하루에 천 마리까지 먹어치운다. 서울과 경기도에서는 하수구에 미꾸라지를 풀어 모기 애벌레를 먹어치우게 하기도 한다. 미꾸라지가 없는 세상은 상상하기도 싫다.

미꾸라지 대신 송사리를 사용하면 어떨까? 괜찮다. 그런데 송사리는 미꾸라지보다 훨씬 비싸다. 너무 더러운 물에서도 살지 못한다. 정작 장구벌레는 더러운 웅덩이에 많은데 말이다. 하지만 미꾸라지는 더러운 물에서도 살 수 있다.

미꾸라지가 더러운 웅덩이에서도 꿋꿋하게 버틸 수 있는 까닭은 독특한 호흡법 때문이다. 대부분의 물고기들은 아가미 호흡을 한다. 미꾸라지도 마찬가지다. 그런데 미꾸라지는 보조수단으로 '장(腸) 호흡'을 할 수 있다. 아가미 호흡, 허파 호흡, 피부 호흡처럼 장 호흡은 말 그대로 장 표면을 통해 산소를 받아들이는 호흡법을 말한다. 미꾸라지는 산소가 녹을 수 없는 탁한 물에서도 입을 수면에 대고 있으면 장의 표면을 통해 산소를 몸 안으로 흡수할 수 있는 것이다.

그렇다고 해서 미꾸라지가 더러운 물을 좋아하는 것은 아니다. 미꾸라지도 깨끗한 물을 좋아한다. 더러운 물에서도 살아주는 것이다. 미꾸라지가 흙탕물을 일으키지 않으면 웅덩이 바닥은 아예 썩어서 곧 아무것도 살지 못하게 된다. 미꾸라지가 흙탕물을 일으키기 때문에 그나마 웅덩이에서 무언가가 살 수 있다.

미꾸라지 한 마리가 웅덩이를 흐리게 하는 게 아니라, 미꾸라지가 더러운 물에서도 버티면서 살아가는 것이다. 직장도 마찬가지다. 미꾸라지 같은 직원이 들어와서 갈등을 일으키는 게 아니라 갈등 요소가 많은 직장에서 직원들이 버티고 있어주는 것이다. 그리고 그 직원은 조직이 썩지 않도록 밑바닥에 산소를 공급해주는 귀한 존재일지 모른다.

"미꾸라지 한 마리가 온 웅덩이를 흐려놓는다"라는 속담에 해당하는 영어 속담은 "썩은 사과 하나가 사과 상자 전체를 망친다"이다. 이 속담에는 근거가 있다. 식물에서는 에틸렌이라는 기체가 나온다. 에틸렌은 식물을 성숙시키는 호르몬이다. 이 에틸렌은 석유가 탈 때 나오는 그 에틸렌과 같은 물질이다. 그래서 덜 익은 푸른 바나나를 보관하고 있다가 판매하기 직전에 에틸렌 가스를 쐬어서 노랗게 익힌 다음 매장에 전시한다. 그런데 에틸렌은 성숙 호르몬일 뿐만 아니라 스트레스 호르몬이기도 하다. 사과 같은 과일은 상처를 받거나 가뭄, 산소 부족 같은 스트레스를 받으면 에틸렌을 마구 방출한다. 그러면 옆에 있는 멀쩡한 사과마저 못쓰게 된다.

썩은 사과는 솎아내야 하지만 미꾸라지는 고마운 존재다. 그나저나 그 회사는 에어컨을 고쳤는지 모르겠다. 그리고 그 미꾸라지는 쫓겨나지나 않았는지 걱정이다.

# 태양을 피하는 방법

죽마고우. 내게는 사전에나 나오는 말이다. 잦은 이사와 전학으로 내게는 어릴 적 친구가 없다. 대신 마흔이 넘어 동네 맥줏집 '오두막'에서 사귄 술친구가 몇 있다. 아이들 교육 문제, 동네 문제, 그리고 정치 문제를 두고 이런저런 토론도 하고 또 학교 운영위원으로 함께 참여하기도 하면서 마치 오래된 친구처럼 되어버렸다.

그 사이에 우리의 나이는 쉰에 가까워졌고 '오두막'은 문을 닫았다. 우리는 길 건너편의 '주문진막회'로 아지트를 옮겼다. 새 부대를 마련했으면 새 술을 담아야 하는 법. 우리의 주제는 동네 문제와 아이들 문제에서 조국통일과 세계평화라는 거대담론으로 성장해야 했으나, 오히려 소박하게 먹을거리로 바뀌었다. 그것도 대한민국의 식문화 개선 같은 게 아니라 내가 먹고 사는 문제를 집요하게 고민하게 된 것이다.

우리는 농업기술센터에서 농업기술을 배웠고 춘천까지 가서 시험을 봐 '유기농기능사' 자격증도 취득했다. 그리고 석유를 사용하지 않고 맨몸으로 농사를 짓겠다는 커다란 포부를 안고 이름도 어마어마한 '고양도시생태농업연구회'라는 조합을 만들었다. 적어도 우리가 먹을 것은 우리가 마련하겠다고 마음먹은 것이다.

우리가 생각한 생태농업이란 석유에서 벗어나는 것이었다. 석유로 만드는 농약, 비료, 비닐 같은 것을 사용하지 않고 자연친화적으로, 또 석유가 동력원인 트랙터 대신 우리 몸의 근력을 이용해서 농사를 짓는 게 우리의 목표였다. 술자리에서 내디뎠던 첫걸음은 창대했으나 밭에서 내디뎠던 둘째 걸음은 참으로 미미했다. 아! 우리의 근육은 참으로 약했고 땅은 감당하기 힘들게 넓었다. 하루 종일 밭을 갈아봐야 티가 안 났다. 밭은 넓고 할 일은 많았다. 금방 깨달았다. 평생 농사를 지어온 농부들이 트랙터를 사용하고 비닐을 씌우고 농약과 비료를 뿌려야 하는 이유는 차고도 넘쳤다. 우리는 이내 포기하고 석유를 사용하고 말았다.

농사를 지으면서 깨달은 사실이 몇 가지 있다. 첫째는 광합성이다. 광합성이란 식물 세포 속에 있는 엽록체가 이산화탄소와 물을 이용해 포도당을 만들면서 빛에너지를 화학에너지로 바꿔놓는 과정이다. 이때 동물의 생존에 필요한 산소가 부산물로 발생한다. 초등학교 4학년 때부터 생화학을 전공한 대학원 시절까지 광합성에 대해서는 무수히 배웠고 시험도 여러 번 치렀다. 그런데 농사를 짓기 전까지의 광합성은 그냥 몇 페이지의 종이 위에 그려져 있는 화학식이었을 뿐이다.

광합성의 놀라운 점은 바로 속도다. 4월 초에 감자를 심으면 하지(6월 21일경) 무렵이면 풍성한 수확을 할 수 있다. 새끼손가락만 한 가지가 팔뚝만 하게 자라는 데는 불과 일주일이면 충분하다. 아침에 상추를 뜯었어도 햇빛만 좋으면 저녁에 또 뜯을 수 있다. 초여름의 뜨거운 햇빛이 고스란히 식물 속으로 녹아드는 것이다. 밭은 눈으로 직접 광합성을 목격할 수 있는 현장이다.

우리가 감자와 가지를 먹는 까닭은 녹말로 배를 채우기 위해서라기보다는 녹말 분자의 화학결합 속에 감추어진 태양에너지를 이용해서 생존하기 위해서다. 결국 우리는 햇빛을 먹는 것이라고 할 수 있다. 해가 없으면 식물도 없고 그러면 우리도 없다. 아! 고마운 햇빛이여, 그대 있음에 내가 있도다!

그런데 더 놀라운 것은 햇빛이 너무 세면 농사를 지을 수 없다는 사실이었다. 6월 말 감자를 수확한 땅은 보통 광복절 즈음해서 김장용 배추와 무를 심을 때까지 거의 한 달 반 이상을 놀린다. 왜 그럴까? 거의 취미 삼아 농사짓는 우리뿐만 아니라 부지런한 농부님들도 마찬가지인 것을 보면 게으름과는 상관없는 일이다.

뿌리가 빨아올린 물이 식물의 꼭대기까지 올라가는 데는 증산작용이 중요한 역할을 한다. 잎에서 물을 증발시키면서 그 힘으로 뿌리에서 물을 끌어올리는 것이다. 증산작용은 식물의 생존에 아주 중요하다. 물이 증발하면서 열을 빼앗아가기 때문에 체온을 조절할 수 있다. 한여름의 뜨거운 햇볕

아래서 식물은 물을 최대한 증발시킨다. 하지만 태양을 이길 수는 없는 법. 결국 이파리가 노랗게 죽고 만다. 큰 나무들도 가지를 축 늘어뜨린다. 한여름에 자라는 곡식이라고는 물 위에서 자라는 벼를 비롯해서 몇 가지 안 된다. 그렇다. 뜨거운 여름에는 식물도 쉬어야 하는 것이 자연의 이치인 것이다.

식물이 이럴진대 사람이라고 별수 있겠는가? 농부도 쉬어야 한다. 밭농사를 쉴 때쯤이면 학교도 방학을 한다. 방학은 학원에서 집중 교육을 받을 때가 아니라 쉬고 놀 때다. 한여름이 부지런하기로는 둘째 갈 일이 없는 농부님들도 쉬는 때라면, 이때는 모든 사람이 쉬어야 하는 때일 것이다.

하지만 직장인들은 쉬지 못한다. 기본적으로 유급휴가 일수가 너무 적다. 2017년 한국문화관광연구원의 조사에 따르면 한국의 직장인들이 보장받은 유급휴가는 1년에 평균 14.2일에 불과했다. 전 세계 평균 24일에 한참 못 미친다. 프랑스처럼 34일을 원하는 게 아니다. 적어도 평균은 돼야 하지 않겠는가. 게다가 14.2일의 유급휴가를 보장받고도 겨우 60.6%인 8.6일만 사용했다.

어쩔 수 없다는 핑계는 대지 말고 적극적으로 쉴 수 있는 방안을 만들어야 한다. 창의성은 심심할 때 나온다. 좀 쉬자. 특히 너무 더울 땐 쉬자. 무더위에 신이 나는 생물은 짝짓기에 안달이 난 매미뿐이다.

# 늦잠을 자는 이유

"새 나라의 어린이는 일찍 일어납니다. 잠꾸러기 없는 나라, 우리나라 좋은 나라."

그렇다. 새 나라의 어린이는 일찍 자고 일찍 일어나야 한다. 책임감이 투철한 장남이었던 나는 이 노래 때문에 괴로웠다. 아무리 모범심과 애국심으로 무장하려고 해도 일찍 자고 일찍 일어나는 일만은 정말 힘들었다. 밤에는 '안 자고 뭐하느냐'는 아버지의 핀잔을 들어야 했고 아침마다 나를 깨우려는 엄마의 성화에 괴로워해야 했다.

그런데 어느 날부터인가 나는 늦잠을 안 잔다. 아니, 못 잔다. 새벽에 저절로 눈이 떠진다. 그러고는 스스로 대견해한다. 내가 얼마나 책임감 있는 가장이자 직장인인지 스스로 뿌듯해한다. 그리고 아침에 일찍 못 일어나는 두 딸들이 언젠가는 일찍 자고 일찍 일어나는 새 나라의 청년이 되기를 고대한다.

나는 단순히 기다리지만 이 나라의 지도자들은 기다리는 데 만족하지 않고 계도하고 강제하려고 했다. 2008년 제

17대 대통령으로 취임한 이명박 대통령은 후보 시절부터 자신이 '얼리버드'임을 강조했다. '성문기초영문법'인지 '성문종합영어'인지 가물가물하지만 "일찍 일어나는 새가 벌레를 잡는다(The early bird catches the worm)"라는 문장을 기억하는 시민들에게 얼리버드라는 별명은 매력적으로 작용했다. 아무래도 부지런함은 중요한 미덕이기 때문일 것이다. 당시 대통령의 나이는 만 67세였다.

같은 해 교육감 선거에서도 이 부지런함이 이슈가 되었다. 그런데 이번에는 교육감 자신이 부지런한 것에 그치지 않고 학생들에게 부지런함을 강요했다. 공정택 후보는 2004년 폐지된 '0교시 수업'을 (말이 좋아서 자율화이지) 부활시키겠다는 공약을 내세웠고 당선되었다. 당시 그의 나이는 만 74세.

일찍 자고 일찍 일어나는 사람들의 공통점이 있다. 노인이라는 사실이다. 독일의 신경생물학자 페터 슈포르크(Peter Spork)는 『안녕히 주무셨어요?』에서 이렇게 말했다.

> "당신이 아침에 그렇게 활기차고 저녁에 일찌감치 잠자리에 드는 것은 당신의 공적이 아니다. 일찍 일어나는 것은 훈련이나 의지로 되는 게 아니다. 그것은 오로지 '일찍 태어난 것에 대한 생물학적 은혜'이다."

잠은 훈련으로 되는 게 아니다. 엄격한 훈련으로 몸과

정신을 강인하게 담금질한 병사들도 매일 아침 6시에 일어나는 일은 여간 곤욕이 아니다. 잠은 신경계를 가진 동물의 특성이다. 그냥 멍하니 낭비하는 시간이 아니다. 온몸이 새로운 세포를 만들고 뇌가 호르몬을 생성하여 다시 하루를 살 수 있도록 정비하는 귀한 시간이다. 오죽 귀하면 우리가 밥 먹는 데보다 자는 데 시간을 더 많이 쓰겠는가.

우리가 잠을 맘대로 조절하는 게 아니라면 그것을 조절하는 생체시계는 어디에 있을까? 우리 몸에서 중요한 일은 보통 '뇌'가 알아서 한다. 대뇌와 소뇌를 제외한 나머지 부분을 뇌줄기 또는 뇌간(腦幹)이라고 부른다. 대뇌가 의식적인 활동을 담당하고 소뇌가 감각과 운동을 제어하는 부분이라면 뇌줄기는 반사작용이나 내장 기능처럼 무의식적인 여러 활동을 책임진다. 의식, 감각, 운동처럼 어마어마한 역할을 하는 대뇌와 소뇌와 달리 뇌줄기는 '무의식적인' 영역을 책임지다 보니 그 중요성이 떨어져 보인다. 하지만 뇌줄기는 우리가 보다 더 잘 사는 데 중요한 역할을 한다.

뇌줄기의 역할 가운데 하나가 멜라토닌이라는 호르몬을 분비하는 것이다. 멜라토닌은 낮에 햇빛을 받아야 만들어지고 밤에 분비된다. 수십만 년 전의 원시인들은 해가 지자마자 멜라토닌이 분비되기 시작했을 것이다. 하지만 현대로 올수록 멜라토닌 분비 시간이 점차 늦어졌다. 특히 사춘기가 되면 대개 밤 11시쯤부터 분비되기 시작해서 아침 9시가 지나도록 남아 있다. 중학교를 지나 고등학교에 들어가면 분비

시간이 더 늦어진다. 게으르거나 게임과 핸드폰에 빠져서가 아니라 청소년들에게는 원래 늦게 자고 늦게 일어나는 생리적인 사이클이 있는 것이다. (혹시라도 매일 5~6시에 일어나 할아버지와 함께 약수터에 다녀오는 중고생 자녀가 있다면 소아정신과에 한번 데려갈 필요가 있다.)

내가 경기도에 사는 가장 큰 이유는 아이 등교 시간 때문이다. 경기도는 이재정 교육감이 취임한 후 중고등학교 등교 시간을 아침 9시로 한 시간 늦췄다. 우리 집의 아침은 평화 그 자체다. 아이는 실컷 자고 일어나서 꽃단장하고 밥 먹고 엄마와 이야기하다가 친구와 만나서 노닥거리며 학교에 간다. 가톨릭대 성빈센트병원 연구팀의 보고에 따르면 등교 시간을 1시간 늦추자 경기도 학생들이 느끼는 행복감이 17퍼센트 높아졌고 수업 집중도도 18퍼센트 올랐다고 한다. 아침밥을 먹는 횟수도 당연히 늘었다. 아이들이 건강하고 밝아졌다. 미국의 연구에서도 비슷한 결과가 나왔다.

아이들에게 잠도 오지 않는데 억지로 일찍 자라고 성화하고 아침마다 야단치며 깨우는 것보다 충분히 잠을 잘 수 있는 환경을 만들어주는 게 옳다. 가장 핵심적인 정책은 두말할 것 없이 등교 시간을 늦추는 것이다.

일찍 일어나는 새가 벌레를 잡는다는 격언은 노인들에게 맞는 말이다. 노인이야말로 일찍 일어나는 새의 모범이다. 노인에게는 노인의 삶이 있고 청소년에게는 청소년의 삶이 있다.

# 아무짝에도 쓸데없는 것들

벌써 3년 전인 2014년의 일이다. '세기의 발견'이라는 어마어마한 제목의 과학 기사가 전 세계로 타전되었다. 미국 과학자들이 남극의 전파망원경으로 중력파를 발견했다는 소식이었다.

중력파라니! 중력도 아는 말이고 파동도 아는 말인데 중력파라는 낯선 단어에 당황했다. 물리학 문외한에게 닥치는 당황스러운 상황의 범인은 아인슈타인이다. 그는 왜 이리 해놓은 게 많은지. 아인슈타인은 중력파의 존재를 예측했고 심지어 수학적으로 증명까지 했다. 물리학 문외한에게는 수학적으로 증명을 했다는 것은 아무런 소용이 없다. 알아들을 수 있도록 말로 설명해야 한다.

다행히 말로 충분히 설명이 되었다. 매트리스에 무거운 쇠공을 올려놓으면 그 부분이 푹 꺼진다. 이것을 물리학자들은 굳이 '질량이 공간을 왜곡시켰다'고 말한다. 그런데 반대로 무거운 쇠공을 들어 올리면 어떻게 될까. 푹 꺼졌던 부분이 평평하게 솟아오르면서 작은 파동을 일으킬 것이다. 이게 중력파다. 침대에서 뛰어보지 않은 사람은 없으므로 푹 꺼졌다 다시 평평하게 솟아오르는 것은 쉽게 이해가 된다. 음, 중력파는 이런 것이군.

그런데 그 어마어마한 발견이라는 게 사실은 착오였다는 게 밝혀졌다. 미국 과학자들이 본 것은 중력파가 아니라 성운 때문에 생긴 잡음이었다. 이때 중력파 발견을 발표한 연구자들을 비웃거나 비난하는 과학자들은 없었다. 다만 아쉬워했을 뿐이다. 이번에는 잡음이었지만 언젠가는 진짜 중력파가 발견될 것이라고 기대했다. 이게 과학문화다.

과학자들은 이미 1990년대부터 거대한 장치를 건설하여 2000년대부터 가동하기 시작했다. 레이저 간섭계 중력파 관측소, 일명 라이고(LIGO)가 바로 그것이다. 라이고에는 한 변의 길이가 4킬로미터에 달하는 L자 모양의 긴 터널이 있으며 양쪽 끝에 거울이 달려 있다. 중심부에서 거울로 빛을 쏘면 일정한 시간에 빛이 되돌아온다. 만약에 중력파가 터널을 지나가면 양쪽 터널의 길이가 미세하게 변한다. 그러면 빛이 되돌아오는 데 걸리는 시간도 변한다. 이걸 보고 중력파의 존재를 확인할 수 있을 것으로 기대하는 것이다.

굳이 이렇게 거대한 장치가 필요한 까닭은 중력파가 너무 약해서 관찰하기 어렵기 때문이다. 태양보다 50퍼센트쯤 더 커다란 중성자 별 두 개가 1킬로미터 떨어져서 회전할 때 발생하는 중력파는 태양 정도의 천체를 수소 원자 반지름만큼 변화시킬 뿐이다.

이렇게 보잘것없는 힘을 관찰하려는 이유는 뭘까? 가장 큰 이유는 아인슈타인이 만든 일반상대성이론의 검증이다. 하지만 일반상대성이론은 이미 다양한 방식으로 검증되었다. 중력파가 없어도 된다. 그런데도 꼭 중력파를 봐야 하는 이유는 중력파에 빅뱅 직후의 초기 우주 모습이 담겨 있을 가능성이 크기 때문이다. 또 중력파로 블랙홀을 볼 수 있다. 블랙홀이 만들어지고 거대한 블랙홀이 합쳐지는 과정을 알아낼 수 있다. 중력파를 통해 우주를 더 깊이 이해할 수 있는 것이다.

2015년 9월, 그러니까 아인슈타인이 중력파를 예견한 지 꼭 100년이 되었을 때 라이고에 간섭무늬가 생겼다. 블랙홀 두 개가 충돌했던 것이다. 걸린 시간은 불과 0.15초. 이때 방출된 시간당 에너지는 현재 관측 가능한 우주에서 나오는 모든 빛 에너지의 50배나 되었다. 이 중력파가 라이고의 4킬로미터짜리 터널을 1경 분의 4센티미터만큼 변화시켰다.

전 세계 16개국의 1천여 명 연구자들이 참여한 '라이고 과학협력단'에는 한국인 연구자도 20여 명 포함되어 있었다. 이들 한국인 연구진들은 주로 중력파 검출 데이터에 섞여 있는 잡음을 분리하는 알고리즘을 연구하고 어떤 천체가 어떻게 관측될지 예상하고 확률을 제공했다. 그런데 놀라운 사실이 하나 있다. 이들이 중력파 연구비로 받은 국가 예산은 3년 동안 약 3억 원에 불과했다. 연구진들은 개인 사비를 들여 연구에 참여해왔다.

9월에 중력파가 검출되었지만 그 내용은 공식 발표를 하기까지는 엠바고에 붙여졌다. 이때 라이고 과학협력단의 일원이었던 국가수리과학연구소의 오정근 박사는 이미 중력파에 관한 세계 최초의 교양과학서를 집필하고 있었다. 『중력파, 아인슈타인의 마지막 선물』이 바로 그것이다. 그는 연구팀의 일원이었으므로 중력파 발견에 관한 내용을 소상히 알고 있었다. 그러니 일단 원고를 출판사에 넘긴 다음 중력파 발견을 공식적으로 발표하자마자 책을 출판할 수도 있었다. 하지만 오정근 박사는 원고 집필을 끝내고도 원고를 출판사에 보내지 않았다. 그는 이듬해인 2016년 2월 11일 공식 발표가 난 직후에야 마지막 원고를 출판사에 보냈다. 그때가 밤 12시 30분이었다고 한다. 이게 과학자의 윤리다.

2016년 말 〈사이언스〉지는 '올해의 혁신성과' 열 가지를 발표하면서 중력파 검출을 첫 번째로 꼽았다. 중력파를 어디에 써먹을지 아직은 모른다. 스마트폰에 쓰이는 전자기파도 처음 발견되었을 때는 아무짝에도 쓸모없는 것처럼 보였다. 당장은 무용해 보여도 언젠가는 우리 삶을 바꾸는 것이 과학이다.

# 고통과 기억력

나는 채식주의자다. 하지만 사람들은 믿지 않는다. 나는 채식이 옳다고 생각한다. 세상 사람들이 모두 채식을 하면 이 세상이 훨씬 좋아질 것이라고 믿는다. 다만 아직도 내 몸이 고기를 잊지 못하고 있고, 내 생각대로 살기가 어려울 뿐이다. 어디 세상일이 자기 생각대로 되는가!

하지만 내 주변에는 진짜 채식주의자들이 있다. 말로만 하는 게 아니라 몸으로 실천하는 사람들이다. 존경한다. (하지만 성격은 채식과는 아무런 상관이 없더라.) 건강을 위해서 채식을 하는 사람이 있는가 하면 동물의 권리와 복지를 위해 채식을 하는 사람도 있다. 그러다 보니 채식의 수준도 다 다르다. 어떤 사람들은 그야말로 풀과 과일 그리고 곡물만 먹는데 어떤 사람들은 우유와 달걀 그리고 생선 정도는 먹는다.

달걀과 생선을 먹는 이유는 뭘까? 실천적 채식주의자 친구는 이렇게 말했다.

"걔네들은 고통을 모르잖아!"

그렇다. 나도 그렇게 배웠다. 대학과 대학원 시절 그리고 독일 유학 시절에도 선생님들은 말씀하셨다.

"물고기는 통증을 느끼지 못합니다."

물고기가 통증을 느끼는가 아닌가 하는 문제는 아주 중요하다. 왜냐하면 통증을 느끼려면 의식적인 경험이 필요하기 때문이다. 물고기가 통증을 느끼는지 확인하려면 일정한 고통을 가하고 그때 물고기가 어떤 반응을 하는지 살피면 된다고 생각할 수 있다. 하지만 그렇게 간단하지 않다. 어떤 부정적인 반응을 한다고 해서 그것이 의식적인 행동인지 아니면 단순한 반사반응인지 알 수 없기 때문이다.

통증을 경험하려면 통각수용체에 입력된 정보가 두뇌 중추로 전달되어 아픔을 느껴야 한다. 일부 학자들은 신피질(neocortex)이 있는 동물만 인간과 같은 통증을 느낄 수 있다고 주장했다. 그들의 주장에 따르면 신피질이 있는 포유류를 제외한 나머지 동물들은 통증을 느끼지 못한다. 그렇다면 새는 어떨까? 새는 포유류 정도의 인지능력이 있다는 증거들이 속속 발표되었다. 결국 신피질이 있어야만 통증을 느낀다는 주장은 폐기되었다.

사실 이 주장은 처음부터 말이 되지 않았다. 신경해부학적 근거가 불충분하다는 이유로 물고기의 통증 인식 능력을 부인하는 것은 지느러미가 없다는 이유로 사람의 수영 능력을 부인하는 것이나 마찬가지이기 때문이다.

과학자들은 궁금하면 해봐야 하는 사람들이다. 과학자들은 물고기를 해부해 부상 초기의 예리한 통증 신호를 전달하는 'A 델타 섬유'와 부상 이후의 둔한 박동성 통증 신호를 전달하는 'C 섬유'를 발견했다. 흥미롭게도 물고기의 경우 C 섬유의 비율이 다른 척추동물보다 훨씬 낮았다. 이것은 부상 이후의 지속적인 통증을 덜 느낀다는 말이다.

과학자들은 물고기의 얼굴을 찌르고 열을 가하고 식초를 뿌렸다. (쉽게 말하면 일부러 고통을 주었다.) 그러자 신경 수용체들은 모든 자극에 반응했다. 하지만 이것만으로 물고기가 통증을 인식한다고 말할 수는 없다. 단순한 반사반응일 수도 있다.

이번에는 전등불을 비추면 먹이가 달린 고리로 와서 먹이를 먹도록 송어를 훈련시켰다. 송어들이 훈련에 익숙해지자 진짜 실험이 시작되었다. 먹이를 먹으려고 다가오는 송어들에게 벌독이나 식초를 투여하거나 바늘로 찔렀다. 그러자 송어들은 전등불에 아무런 반응을 보이지 않았다. 벌독과 식초에 당한 송어들은 고통을 해소하려는지 수조의 벽과 자갈에 주둥이를 문지르곤 했다. 그런데 벌독과 식초에 당한 송어들에게 진통제 모르핀을 투여하자 부정적인 반응이 극적으로 줄어들었다. 이 실험 결과는 물고기가 부정적인 자극에 단순히 반사적으로 반응하는 것이 아니라 통증을 인식한다는 것을 시사한다.

"베스를 잡았다 놔줘도, 같은 날 또는 다음 날 똑같은 자리에서 같은 베스가 다시 잡힌다." 그렇다면 인자한 낚시꾼들의 이런 경험은 무엇인가? 먹기 위해서가 아니라 단순히 손맛을 느끼려고 낚시질을 하는 사람들은 물고기를 다시 놔 준다. 많은 낚시꾼들은 물고기가 통증을 느끼지 못하기 때문에 다시 미끼를 문다고 생각했다.

물고기가 같은 장소에서 같은 사람에게 같은 미끼에 걸려서 고통을 경험하는 이유는 무엇일까? 여기에 대한 대답은 "물고기의 기억력은 3초"라는 것이었다. 이 말은 물고기 기억력이 딱히 '3초'라는 게 아니라 극도로 약하다는 말이다. 그런데 이런 경험은 오히려 매우 드문 사건이다. 대부분의 물고기들은 갈고리에 한 번 걸린 후 6개월에서 3년 정도 미끼를 회피한다는 연구가 있다.

물고기 학자들은 물고기가 미끼를 금세 다시 무는 이유는 극도로 굶주렸기 때문이라고 말한다. 몹시 굶주린 물고기는 설사 통증을 느끼더라도 배고픔을 참지 못하고 미끼를 문다는 것이다. 환경이 불확실하면 먹는 게 최고다. 그러니 다시 잡히는 물고기가 있다면 낚시를 그만두고 준비한 미끼를 뿌려줘야 한다.

조너선 밸컴(Jonathan Balcombe)의 『물고기는 알고 있다(What a Fish Knows)』는 물고기를 함부로 판단하지 말라고 당부하는 책이다. 책을 읽고 다시 용기를 내기로 했다. 나는 채식주의자다.

# 영혼을 사로잡는 단어

누구를 대상으로 강연하는 게 가장 어렵냐는 질문을 자주 받는다. 묻는 사람이 기대하는 답은 보통 '어린 아이'다. 흔히들 아이들은 집중력이 약하기 때문에 그럴 것이라고 생각한다. 그런데 아니다. 이유는 따로 있다. 바로 자발성이다. 이것은 단지 아이들에게만 해당되는 것은 아니다. 자발적으로 온 사람들은 당연히 강연에 집중하고 그렇지 않은 사람들은 졸거나 딴짓을 하면서 강연을 방해하기 마련이다. 그런데 강연장의 아이들은 대부분 억지로 끌려왔다. 그래서 아이들에게 강연을 하는 건 아주 어렵다.

하지만 세상에 불가능이란 없다. 억지로 끌려온 아이들을 강연에 집중시키는 아주 쉬운 방법이 있다. 주제가 천문학이든 물리학, 화학, 생물학이든 뭐든 상관없이 아이들이 가장 좋아하는 단어를 이용하여 이야기를 풀어가는 것이다. 아이들의 영혼을 사로잡는 단어가 있다. 바로 똥과 방귀 그리고 엉덩이다. 이 세 단어를 들은 아이들은 자지러지면서 강연에 집중한다. 이유는 모른다.

아이들을 위한 강연장에는 아이들만큼이나 많은 어른들이 있기 마련이다. 어른들은 그런 단어 싫어한다. 그래서 어른들의 눈치까지 보면서 적당히 해야 한다. 세 단어 가운데 어른들이 가장 쉽게 용인하는 단어는 방귀다. 유머로 받아들일 수 있는 말인 것이다. 아마 자신도 매일 뀌면서 대놓고 이야기하지 못하는 게 바로 방귀라서 그런 것 같다.

우리에게 방귀는 정말로 익숙하다. 사람은 보통 하루에 14~25번 정도 방귀를 뀐다. 나는 이 글을 쓰는 동안에도 방귀를 두세 번은 뀔 것이며 독자들도 이 글을 읽는 동안 방귀를 한 번 정도 뀔 것이다. 우리가 하루에 뀌는 방귀 양은 600~1,500밀리리터 정도다. 그러니까 작은 생수병에서 커다란 콜라 페트병만큼이나 되는 것이다.

그렇다. 방귀는 창피하고 부끄러운 것이 아니다. 단지 미안할 뿐이다. 미안한 이유는 빵, 뿌우우웅, 뽀오오옹, 프스스스 같은 소리 때문이 아니다. 결코 좋다고 할 수 없는 냄새 때문이다. 방귀에는 (요즘은 학교에서 메테인이라고 가르치는) 메탄, 질소, 이산화탄소, 수소처럼 냄새가 없는 기체뿐만 아니라 암모니아, 황화수소, 스카톨, 인돌처럼 고약한 냄새가 나는 기체가 섞여 있다. 고단백 음식 섭취량이 많을수록 냄새가 독해진다. 그런데 정작 지구에 안 좋은 기체는 별 냄새가 없는 메탄이다. 메탄은 이산화탄소보다 훨씬 강력한 온실가스라서 사람들이 방귀를 뀔 때마다 지구를 데우는 역할을 한다.

방귀를 터야만 진정한 연인 사이가 될 수 있다고 생각하는 남자들이 있다. 하지만 그게 어디 쉬운 일인가. 자연스럽게 방귀를 트고 싶다면 함께 높은 산에 올라가면 된다. 단풍철에 설악산에 줄지어 등반하다 보면 앞사람의 엉덩이에서 자신의 얼굴로 분사되는 방귀 냄새를 맡게 된다. 앞사람에게 불평을 할 수도 없다. 왜냐하면 자신도 방귀를 뀌면서 올라가기 때문이다.

높은 산에만 올라가면 방귀가 잦아지는 이유가 있다. 높이 올라갈수록 기압이 낮아지기 때문이다. 기압이 낮아지는 현상은 눈으로 확인할 수 있다. 질소로 충전된 과자 봉지를 높은 산에 가져가면 빵빵하게 부풀어 오른다. 봉지 내부에 있는 질소 분자 수는 일정하지만 외부 기압이 낮아져서 바깥으로 미는 힘이 강해졌기 때문이다. 높은 산에 올라갔을 때 부풀어 오르는 것은 과자 봉지만이 아니다. 우리의 대장(大腸)도 그렇게 된다. 대기압이 평지보다 낮기 때문에 대장에서 같은 개수의 가스 분자가 발생하더라도 그 부피는 훨씬 커진다. 대장이 보관할 수 있는 기체의 양에는 한계가 있으므로 자주 방귀가 나오게 된다.

반대의 경우도 눈으로 확인할 수 있다. 산 정상에서 반쯤 마시고 마개를 꼭 막은 생수병을 배낭에 넣어서 평지까지 내려오면 생수병이 수축되어 찌그러져 있는 모습을 볼 수 있다. 평지의 기압이 페트병 속의 기압보다 높기 때문에 생긴 현상이다.

기압과 온도 그리고 기체 부피의 관계를 보일-샤를의 법칙이라고 한다. 보일-샤를의 법칙에 따르면 기체의 부피는 온도에 비례하고 압력에 반비례하여 증가한다. 앗! 산에 올라가면 기압이 줄어서 기체 부피가 늘어나지만, 온도가 내려가서 기체 부피가 줄어들기 때문에 결국 아무런 효과가 없는 것 아닐까? 아니다. 우리는 기온이 아무리 떨어져도 체온을 일정하게 유지하는 항온동물이다. 따라서 높은 산에 가면 방귀가 늘어난다.

연인 사이가 아니더라도 등산하면서 앞사람의 방귀에 지청구를 늘어놓는 사람은 없다. 높은 산에 오르는 사람들은 모두 자발적으로 즐거운 마음으로 왔기 때문이다. 자발적으로 온 사람들은 불편을 참는다. 다른 사람의 실수를 이해하려 노력한다. 심지어 유쾌하게 받아주면서 즐긴다.

토요일마다 광화문 광장에 모이는 사람들도 그렇다. 옴짝달싹할 수 없을 정도로 인파가 모이지만 그 누구도 다른 사람을 원망하지 않는다. 시위대로 인해 길이 막혀 몇 정거장 미리 버스에서 내리게 되더라도 어느 누구도 불평하지 않는다. 오도 가도 못하는 유모차를 위해 수백 명이 틈을 비집어 길을 낸다. 구호를 외치는 뒷사람의 촛불에 내 머리카락이 그슬려도 괜찮다. 수만 명이 동시에 통화를 하는지 통신장애로 카드 결제가 되지 않는 상황이 되어도 주인이나 고객이나 서로 탓하지 않고 웃고 만다. 맥줏집에 맥주가 떨어지면 한두 블록쯤 더 걸어도 된다. 용변이 급한 사람을 위해 기꺼이 화장실까지 동행하여 알려준다. 자발적으로 모인 사람들은 무슨 일이 일어나도 즐겁다. 촛불이 승리하는 이유는 자발성이다. 그게 민주주의다.

강연하기 제일 힘든 대상은 공무원과 교사들이다. 교육연수를 위해 억지로 모인 사람들이다. 이들에게는 아무리 재밌는 이야기를 해도 별 소용이 없다. 방귀 이야기도 통하지 않는다. 그들에게 즐거움을 주는 방법이란 딱 한 가지. 일찍 끝내는 것이다. 헌법재판소 판결도 빨리 나오는 게 좋다.

# 실패에 익숙해지는 방법

"인간이 졌다."

2016년 3월 9일 언론은 이렇게 대서특필했다. 그야말로 충격이었다. 연초에 인공지능 프로그램 알파고가 이세돌에게 감히 도전장을 내밀었을 때 우리는 코웃음을 쳤다. 적어도 올해는 이세돌이 완승한다는 게 일반적인 예측이었다. 결과는 정반대였다. 3월 9일은 영원히 잊지 못할 날이 될 것만 같았다.

뭐든지 처음이 어렵지 익숙해지면 편해지기 마련이다. 두 번째 판과 세 번째 판을 이세돌이 내리 지자 우리는 되레 충격에서 벗어나기 시작했다. 담담히 현실을 받아들였다. 나에게는 인공지능의 비약적인 발전 속도보다는 분노와 좌절 대신 현실을 인정하고 받아들이는 인류의 적응성이 더 놀라웠다.

여기에는 아마도 이세돌의 품성도 한몫했을 것이다. 5 대 0 또는 4 대 1로 가볍게 이길 것이라고 호언장담했던 이세돌은 지는 게임의 수가 쌓여가는 와중에도 침착했다. 세 판을 연달아 내준 이세돌 9단은 떨리는 목소리로 말했다.

"오늘의 패배는 이세돌이 패배한 것이지 인간이 패배한 것은 아니지 않나, 그렇게 생각을 한번 해보겠습니다."

최고의 바둑 고수가 던진 이 한마디에 얼마나 많은 이들이 위로를 받았던가.

"한 판 이겼는데 이렇게 축하받아보는 것도 처음인 것 같습니다. (중략) 이렇게 응원해주시고 격려해주신 덕분에 한 판이라도 이긴 것이 아닌가 합니다."

3월 13일 늦은 오후 이세돌은 이렇게 말했다. 그때 나는 이세돌의 4연패를 예상한 상태에서 마련된 KBS 〈장영실쇼〉의 '알파고 특집'편 생방송에 출연하기 위해 스튜디오에 앉아 있었다. 프로그램 작가들의 환호성이 들렸다.

세 판 내리 지다가 겨우 한 판 이긴 게 대수가 아니었다. 세 판을 내리 진 다음에도, 그리고 한 판을 이긴 다음에도 인간의 품위를 잃지 않았던 이세돌에게 위안을 받은 것이다. 이세돌의 품성에서 우리 인류가 인공지능에게 무너지지 않을 것이라는 희망을 본 것이다.

알파고 덕분인지 이스라엘의 역사학자 유발 하라리가 쓴 『사피엔스 : 유인원에서 사이보그까지』 바람이 불고 있다. 5개월 만에 12만 부 넘게 팔렸다고 한다. 100만 부 이상 팔렸지만 끝까지 읽은 사람은 별로 없는 『정의란 무엇인가』와 달리 이 책은 대부분의 독자들이 끝까지 읽을 수 있을 것이다. 명징한 논리로 한달음에 달려가는 깔끔한 필치와 능숙

한 번역 때문이다.

2016년 4월 유발 하라리 교수는 서울시청 8층에 와서 짧은 강연 후 박원순 시장과 북토크를 나누었다. 유발 하라리는 인류는 인공지능이 할 수 없는 일이나 해야 하며 그 일마저 나중에는 인공지능이 하게 될 것이라고 했다. 이때 박원순 시장은 한 고위간부를 향해 "앞으로 인공지능이 다 한다는데 그러면 사람은 무엇을 해야 하나요"라고 의견을 물었다. 그 간부는 "인간이 인공지능보다 더 잘할 수 있는 일을 해야 하는데 그것은 바로 노는 것"이라고 대답했다.

이 담담한 대답에 통쾌함을 느꼈다. 부산대 물리교육과 김상욱 교수가 예전에 페이스북에서 했던 "일은 인공지능에게 시키고 우리는 놀자"라는 말과 일맥상통하는 이야기였다. 이제 힘들고 복잡한 일은 인공지능과 로봇에게 맡기고 우리는 우리가 잘할 수 있는 일, 바로 '놀이'에 매진할 일이다. 그렇다면 '놀이'의 핵심 요소는 뭘까? 왜 노는 게 그리도 즐거울까? 바로 '실패'가 있기 때문이다.

숨바꼭질이 재밌는 까닭은 아무리 숨어도 결국에는 들키기 때문이고, 고무줄놀이가 재밌는 까닭은 결국에는 고무줄에 걸리기 때문이다. 술래가 절대로 찾지 못하고 고무줄을 아무리 높이 들어도 명랑하게 노래를 부르며 끝까지 넘을 수 있다면 그 놀이는 재미가 없다. 놀이가 재밌는 까닭은 결국에는 실패한다는 사실을 잘 알고 있고, 그 실패를 담담히 받아들이고 납득할 수 있기 때문이다. 일상적인 실패는 우리를 즐겁게 한다.

과학도 그렇다. 계산이든 사고든 관찰이든 실험이든 과학자의 일상은 일패의 연속이다. 100번에 한 번쯤 성공한다. 과학자들은 실패에 좌절하지 않는다. 원래 과학은 실패이기 때문이다. 그래서 과학을 즐겁게 할 수 있는 것이다. 실패를 받아들이지 못하고 좌절하면 데이터를 조작하고 남의 논문을 베껴 쓰게 된다.

과학관은 일반인들에게 과학을 경험하게 하는 곳이다. 관람객들은 과학관에서 찬란한 과학의 업적들을 보고 감탄한다. 전시물만 보면 과학자들은 보통 사람들이 범접할 수 없는 천재들인 것 같다. 과학에 대한 관심을 불러일으키고 과학자가 되겠다는 꿈을 키워야 할 과학관에서 오히려 '아, 과학은 내가 할 수 있는 게 아니구나. 과학자가 될 사람은 따로 있어'라는 생각에 빠질 수도 있다.

앞으로는 과학관도 '실패'를 경험하는 곳이어야 한다. 실패가 거듭되고 일상이 되면 그것은 놀이가 된다. 인공지능 시대에 놀이의 근육을 단련시키면서 이세돌의 품성을 품으려면 '실패'에 익숙해져야 한다. 실패하기 위해서는 일단 해봐야 한다. 과학관은 과학을 보는 곳이 아니라 과학을 직접 해보고 실패하는 곳이어야 한다.

# 흐드러지게

"산허리는 온통 메밀밭이어서 피기 시작한 꽃이 소금을 뿌린 듯 흐뭇한 달빛에 숨이 막힐 지경이다."

고등학교 시절 손에서 놓지 못했던 '삼중당 문고'의 세 번째 책인 이효석의 『메밀꽃 필 무렵』에 나오는 구절이다. 이 문장을 처음 읽었을 때 마치 숨이 막혀오는 것 같아 더 읽지 못하고 한참이나 멍하니 있었던 기억이 난다. 가장 강렬하게 다가왔던 문장이고, 여태껏 기억하고 있는 문장이다. 그때는 물론 지금까지도 메밀꽃을 본 적이 단 한 번도 없지만 저 풍경을 마음속으로 그릴 수 있다.

이때 내가 생각한 형용사는 '흐드러지다'였다. 어디서 배운 것 같지도 않은데, 평소에 쓰지도 않는 말을 어떻게 떠올렸는지는 모른다. 그런데 얼마 전에 읽은 송기숙의 『녹두장군』에 "들판에는 보리가 무럭이 자라고 산에는 진달래가 흐드러지게 피었다"라는 구절이 나오는 걸로 보아 얼추 비슷하게 뜻을 짐작한 것 같다. 흐드러지다라는 말은 '탐스럽게 한창 성하다'라는 뜻이다. 자연발생적으로 누구나 동감할 수 있는 훌륭한 형용사이다.

그런데 흐드러지다라는 표현의 대상은 항상 작은 꽃이다. 봄에 일찍 피는 꽃을 보자. 벚꽃, 매화, 개나리, 산수유, 진달래, 철쭉 같은 꽃은 모두 자잘하다. (목련 같은 예외가 있기는 하다.) 이들은 왜 이리도 일찍 서둘러서, 심지어 철쭉을 제외하면 이파리가 나기도 전에 흐드러지게 피는 것일까?

모든 생명의 최고 사명이자 존재 이유는 번식이다. 후손에게 자신의 유전자를 남겨야 한다. 그러기 위해서는 수정을 해야 하고, 수정을 하려면 곤충의 도움을 받아야 한다. 곤충이 자선사업가는 아니라서 그 대가로 꿀을 취한다.

그런데 자잘한 꽃들은 곤충에게 제공할 꿀이 적다. 그러다 보니 일찍 서두르지 않으면 큰 꽃과 경쟁하기 어렵다. 내가 벌이라고 해도 크고 화려한 꽃으로 날아가지 작은 꽃에서 수고하고 싶지는 않을 것이다. 서둘러 꽃을 피려다 보니 광합성을 해서 양분을 공급하는 이파리를 틔울 틈도 없다. 그야말로 죽을힘을 다하는 것이다. 자잘한 꽃들은 큰 꽃보다 먼저 펴야 하고, 큰 꽃은 자잘한 꽃에게 순서를 양보한다.

또 다른 전략은 무리를 지어서 흐드러지게 피는 것이다. 이유는 한 가지. 겨울 내내 굶주렸던 벌에게 잘 보이기 위해서다. 작은 꽃이 잘 보이지 않으니까 무더기로 펴서 나무 하나가 통째로 꽃으로 보이게 하겠다는 전략이다. 자잘한 꽃들이 각자 도생하겠다고 나서면 죽을힘을 다해서 꽃을 피워

봤자 별무소득인 것은 자명하다. 꽃들도 안다. 자잘한 꽃들은 당연히 뭉쳐서 흐드러지게 피어야 하며, 큰 꽃들은 홀로 피어야 한다.

시민 한 명 한 명의 힘은 작다. 우리가 주인이 되는 길은 벚꽃처럼 서둘러 흐드러지게 피는 수밖에 없다. 이제는 우리가 흐드러질 때다.

# 최적의 조건

2017년 3월 15일은 봄일까? 봄이 아닐까? 입춘(立春)을 봄의 시작이라고 생각하시는 분은 아마 안 계실 거다. 독일에서 공부할 때 지도교수님은 3월 21일 춘분(春分)이 되면 봄이 시작됐다면서 맥주 한 잔씩 사주시곤 했다. 그런데 대개 그날은 무지 추웠다. 봄은 개뿔…. 박근혜 씨가 탄핵되었으니 자신의 마음에 봄이 왔다고 생각하시는 분도 계시겠지만, 같은 이유로 빙하기를 겪고 있는 분들도 계시다. 내 기준은 간단하다. 꽃이 피면 봄이고 꽃이 안 피면 아직 아니다. 개나리, 진달래, 철쭉, 벚꽃, 목련 따위가 흐드러지게 피면 봄이고 아니면 아직 겨울인 것이다.

꽃을 봄의 기준으로 삼게 된 데는 서대문에서의 직장생활 경험이 큰 역할을 했다. 내가 5년간 일했던 서대문의 홍제천과 안산에서는 해마다 벚꽃축제가 열린다. 아름다운 벚꽃 아래를 산책하고 초대 가수들의 노래를 들으면서 도시락을 먹는 재미가 쏠쏠하다. 꽃 아래를 걷노라면 눈이 밝아지고 마음도 넓어져서 스트레스가 확 풀리는 기분이다.

그런데 정작 이 벚꽃축제를 준비하는 공무원들은 노심초사가 이만저만이 아니다. 상춘객이 몰려들 때 생기는 교통과 안전문제 때문이 아니다. 이 정도는 공무원들이 깔끔하게 처리한다. (지난 20주 동안 주말마다 촛불시위가 열렸지만 안전사고 하나 없었다. 서울시 공무원 만세!) 그런데 아무리 훌륭한 공무원이라도 자신의 지혜와 노력으로 해결 못 하는 게 있다. 바로 꽃이 피는 시기와 메인 행사 날의 날씨를 알 수 없다는 것이다.

"서대문 홍제천과 안산의 벚꽃은 매년 4월 첫째 월요일에 피기 시작해서 토요일에 만개한다"라고 법으로 지정되어 있으면 좋으련만 이런 것은 국회도 못 하고 헌법재판소도 결정하지 못하는 일이다. 또 "4월 첫째 주에는 벚꽃이 필 예정이니 비가 내리지 않고 청명한 날씨를 유지해주실 것을 요청합니다"라고 기상청에 협조공문을 보낼 수도 없는 일이다.

단풍이 북쪽부터 지기 시작해서 점차 남쪽으로 번져가는 것과 반대로 꽃소식은 남쪽으로부터 올라온다. 올해 벚꽃은 제주에서는 3월 21일에 피고, 부산은 3월 26일, 대전은 4월 2일 그리고 서울은 4월 6일에 핀다. 한편 춘천에서는 4월 9일이나 돼야 벚꽃이 피기 시작하니 때를 놓쳐서 벚꽃을 못 봤다는 말은 하면 안 된다. 제주에서 춘천까지 무려 3주나 차이가 나기 때문이다. 벚꽃의 절정 시기는 꽃이 피기 시작하고 나서 일주일 뒤다. 그러니 서울에서는 4월 13일 정도에 만개한다고 보면 된다.

그런데 궁금하다. 꽃은 어떻게 자기가 필 시기를 아는가? 어떤 꽃은 봄에 피고 어떤 꽃은 가을에 핀다. 꽃마다 계절이 바뀌어 최적의 조건이 되었다는 것을 알고 꽃이 피는 정교한 메커니즘이 있는 게 분명하다. 과학자들은 꽃을 관찰했다. 낮의 길이에 따라 꽃이 피는 게 결정되었다. 낮의 길이가 길어질 때 피는 장일식물이 있고 낮의 길이가 짧을 때 피는 단일식물이 있는 것이다. (그런데 낮의 길이와 상관없는 꽃들도 있다.)

그렇다면 개나리와 진달래는 장일식물일까, 단일식물일까? 제주시에서는 개나리는 3월 13일, 진달래는 3월 16일에 개화할 예정이다. 이때는 아직 춘분 전으로 밤의 길이가 더 길 때다. 중요한 것은 낮의 길이나 밤의 길이가 아니다. 그 변화의 추이다. 봄에 피든 여름이나 겨울에 피든 낮 시간이 12시간 이하로 짧은 계절을 경험한 다음에야 꽃이 핀다. 잠을 길게 자야 한다는 뜻인데, 토막잠이 아니라 일정 시간 이상 암흑이 지속되어야 한다.

꽃이 피는 데 햇빛만큼이나 중요한 것이 또 있다. 바로 온도다. 기온이 따뜻해야 한다는 뜻이 아니다. 봄꽃이 피려면 오랜 기간 추위를 제대로 견뎌야만 한다. 겨울에 얼어 죽을까봐 걱정이 돼서 방 안에 들여다놓은 화분은 꽃이 피지 않고, 정작 발코니나 장독대에 방치해놓은 화분에서는 꽃이 피는 것을 다들 경험하셨을 것이다.

그렇다면 단일식물과 장일식물을 접붙이면 어떻게 될

까? 100년 전 과학자들도 같은 궁금증을 가졌다. 단일식물 몇 그루를 대상으로 꽃이 피지 못하게 낮을 길게 만들어줬다. 그리고 꽃이 핀 다른 그루와 접붙였다. 그러자 식물 전체에 꽃이 폈다. 이것은 꽃이 핀 식물에 있던 개화호르몬이 접붙인 부분으로 퍼졌다는 것을 의미한다.

꽃이 피기 위해서는 어두운 밤과 추운 겨울을 나야 한다. 그렇다. 지난겨울을 우리는 이겨냈다. 우리는 민주주의를 꽃피우는 민중이다. 우리의 개화호르몬을 꽃피우지 못하는 그들에게도 나눠줘야 한다. 그래야 봄이다.

# 버려야 빛난다

빛나는 모든 것들은 아름답다. 그런데 빛은 언제 날까? 에너지를 받을 때인가, 에너지를 버릴 때인가. 이 질문에 에너지를 받을 때라고 대답하는 분들이 의외로 많다. 오해다. 에너지를 버릴 때 빛이 난다.

태양에서 빛이 난다는 것은 태양의 질량이 줄어든다는 뜻이다. 즉 태양에서 빛이 날 때는 더 많은 것을 가져서가 아니라 자기의 것을 버리기 때문이다.

아리스토텔레스 선생님은 끝내 이 사실을 모르고 돌아가셨지만 원자는 거의 허공과 같다. 수소 원자를 축구 경기장 크기로 확대하면 원자의 질량을 거의 차지하는 핵은 센터서클 한가운데 앉아 있는 무당벌레쯤 된다. 축구장의 나머지 면적은 전자를 위한 공간이다. 수소 원자에서는 전자 하나가 그 커다란 운동장을 휘젓고 다니는 셈이다. 그런데 전자는 아무 곳이나 다니지 않는다. 핵에서 일정한 거리에 있는 껍질 위를 다니는데 핵에서 멀수록 에너지가 높다.

가장 낮은 층의 전자껍질에 있는 전자는 바닥상태다.

물론 전자는 바닥상태를 가장 좋아한다. 안정적이니까. 바닥상태에 있던 전자가 에너지를 받으면 높은 층의 전자껍질로 튀어 오른다. 이때 전자는 들뜬상태다. 들뜬상태에 있던 전자가 바닥상태로 떨어질 때 그 차이만큼의 에너지가 원자 바깥으로 나오는데 그것이 바로 빛이다. 서대문자연사박물관 2층 암석 코너에 있는 형광암석의 영묘한 초록빛이나 아이들 방 천장에 붙여주는 야광별의 원리가 바로 그것이다.

바닥상태에 있던 전자를 들뜬상태로 올려주는 에너지의 근원은 별이다. 우리의 별은 바로 태양. 그렇다면 태양 안에서는 어떤 일이 일어날까. 태양은 대부분 수소 원자핵으로 이루어져 있다. 수소 원자핵 네 개가 융합되면 헬륨 원자핵이 된다. 이때 아주 적은 양의 질량이 사라지는데 이 질량이 태양에서 방출되는 모든 에너지의 근원이다.

$E=mc^2$이라는 공식이 의미하는 바는 모를지라도 이 공식을 듣도 보도 못한 사람은 없다. 여기서 E는 에너지, m은 사라진 질량, 그리고 c는 빛의 속도다. 빛은 1초 만에 30만 킬로미터를 날아간다. 1초에 지구를 7바퀴 반을 돌고, 달까지 가는 데 1.2초밖에 안 걸린다. 빛의 속도(c)가 워낙 크다 보니 아주 작은 질량(m)이 사라질지라도 발생하는 에너지(E)의 양이 어마어마하다.

태양에서 빛이 난다는 것은 태양의 질량이 줄어든다는 뜻이다. 태양이 빛을 내기 위해 질량을 버리는 것은 아니지만, 질량을 버렸기 때문에 빛이 나는 것이다. 태양은 위대하다. 우리 입에서 태양을 찬양하는 노래가 나오는 것은 당연하다.

세상에 영원히 빛나는 것은 없다. 태양의 나이는 약 50억 살. 앞으로 수명이 50억 년쯤 남았다. 태양 같은 별이 수축하거나 팽창하지 않고 일정한 크기를 유지하는 까닭은 태양 안에서 두 개의 힘이 균형을 이루기 때문이다. 별의 내부에서 수소 핵융합 반응이 일어나면 별의 내부 온도가 올라가므로 기체의 압력이 커지고, 바깥으로 팽창하는 힘이 작용한다. 또한 별을 구성하는 기체들은 중심 방향으로 수축하려는 중력이 작용한다. 중력과 기체압의 균형으로 별은 일정한 크기를 유지한다.

별이 가지고 있던 수소가 대부분 헬륨으로 융합되고 나면 별의 중력 수축에 대항하는 기체압도 줄어든다. 따라서 별의 중심부는 급격히 함몰하며, 반대로 별의 겉껍질은 1000배 정도 증가하면서 차가운 별이 된다. 별이 적색거성, 즉 붉은색의 커다란 별이 되는 것이다.

적색거성이 된 태양은 수성과 금성 그리고 지구를 삼켜버린다. 우리에게 빛을 주는 게 아니라 우리를 삼켜버린다. 우리가 더 이상 태양을 찬양할 이유가 없어진다. 적색거성이 되어 지구까지 삼킨 태양은 결국에는 다시 오그라들어서 백색왜성, 즉 하얀색의 작은 별이 된다.

태양은 평범한 별이다. 태양보다 훨씬 커다란 별들은 태양과는 다른 경로를 겪는다. 그들은 적색거성이 될 때도 훨씬 크게 된다. 이것을 초적색거성이라고 한다. 그리고 초적색거성은 결국에는 블랙홀이 된다.

블랙홀이 검정색 구멍이 아닌데도 우리가 굳이 블랙홀이라고 부르는 까닭은 우리 눈에 아무것도 보이지 않기 때문이다. 블랙홀은 주변에 있는 모든 것들을 빨아들이기만 할 뿐 아무것도 내놓지 않는다. 빛도 나오지 않는다. 오히려 빛마저 빨아들인다. 빛은 빨아들이고 커질 때 나오는 게 아니라 버리고 작아질 때 나오는 것이다.

세상에서 가장 작은 원자가 빛을 내는 것이나 세상에서 가장 큰 별이 빛을 내는 것이나 원리는 똑같다. 에너지를 버릴 때 빛난다. 자기의 것을 버리고 작아질 때 빛난다. 빛나는 모든 것은 아름답다. 이 말은 버리고 작아지는 것들이 아름답다는 말과 같다. 더 낮아지고 더 많이 버리시기를.

# 내성의 진실

약국에서 조제한 약봉지에서 약을 골라 먹고 나머지는 버리는 사람이 적지 않다. 가장 많이 골라내는 약은 위장약과 소염진통제. 위장약은 증상과 상관없이 약을 먹을 때 위장에 부담이 되지 말라고 함께 처방된다. 위장약을 골라내는 것까지는 그래도 이해가 된다. 그런데 소염진통제는 왜 버리는지 이해하기 어렵다. 원인과 상관없이 염증이 생기면 아프고 괴롭다. 그래서 염증을 가라앉히고 통증을 줄이기 위해서 약을 먹는 것 아닌가?

더 놀라운 사실도 있다. 항생제도 만만치 않게 버려진다. 항생제는 원인균을 죽이기 위한 공격적인 약이다. 비싼 약이다. 증상을 줄이는 약도 골라 버리고 원인을 치료하는 약도 골라 버리려면 왜 병원에 가서 처방을 받고 약국에서 약을 조제하는가! 자기 맘대로 할 거면 이 세상에 전문가가 왜 필요한가 말이다.

항생제라는 단어는 우리 머릿속에서 부작용, 남용, 내성 같은 단어와 자연스럽게 짝을 짓는다. 어렸을 적에 엄마는 나를 데리고 병원에 가면 의사선생님 말씀은 듣는 둥 마는 둥 하고는 금세 "선생님, 주사 한 방 센 걸로 놔주세요"라고 요구했다. 그러면 의사선생님은 커다란 유리 주사기로 내 엉덩이를 찔렀다.

엄마가 요구했던 '주사'는 '항생제'의 다른 표현이었다. 그런데 내가 어렸을 때 병원에 왜 갔는지 가만히 생각해보면 내가 맞은 주사에 항생제가 들어 있었을 리가 없다. 왜냐하면 나는 감기, 독감 같은 것으로 갔을 테니까 말이다. 아니 감기, 독감 따위에는 항생제 주사를 놓지 않는다고? 그렇다. 의사가 감기 환자에게 항생제 주사를 놓는지 아닌지는 모르지만 적어도 감기에 항생제 주사가 아무 소용이 없다는 것은 분명하다.

왜냐하면 항생제는 박테리아를 공격하는 물질이기 때문이다. 항생제가 일부 곰팡이와 원생생물을 공격할 수도 있지만 바이러스를 공격하지는 못한다. 그런데 감기, 독감 등을 일으키는 원인은 모두 바이러스다. 따라서 감기에 걸린 아들이 빨리 낫도록 "주사 한 방 센 걸로 놔주세요"라고 엄마가 아무리 떼를 썼다고 해도 의사선생님이 항생제 주사를 놔주었을 리가 없다.

만약에 감기를 앓고 있는 아이에게 의사가 항생제 주사를 놔줬다면 그 사람은 선생님이 아니라 정말 나쁜 놈이다. 바이러스가 우리 몸에 침입하면 우리 몸에 공생하고 있는 박테리아 가운데 일부는 바이러스에 맞서 싸운다. 그런데 항생제는 박테리아 전사들을 공격한다. 아군의 등 뒤에 대고 총을 쏘는 격이다.

감기를 일으키는 바이러스는 변종이 2만 가지도 넘는다. 따라서 감기를 근본적으로 치료하는 약은 있을 수가 없다. 이미 1950년대에 감기약 개발을 포기했다. 그렇다면 감기로 병원에 갈 필요가 없는 것일까? 나는 요즘은 감기에 걸려도 병원에 가지 않지만, 독일에 살 때는 감기에 걸리면 반드시 병원에 갔다. 의사의 처방이 필요하기 때문이다. 독일 의사들이 내린 처방은 이랬다.

"5일 동안 침대에 머물러야 함. 직장에 나가지 말 것."

학교와 직장을 합법적으로 쉬기 위한 처방을 받기 위해 병원에 갔던 것이다. 감기 바이러스와의 싸움은 우리 몸이 알아서 한다.

요즘 부모들은 우리 엄마와는 정반대다. 우리 엄마가 아무 병에나 항생제 주사를 요구했던 것과는 반대로 요즘 부모들은 처방받은 약에서 항생제를 골라서 버린다. 왜? 항생제는 나쁜 것이니까. 항생제는 우리 몸에 사는 좋은 균을 죽이니까. 항생제를 오래 먹으면 내성이 생겨서 나중에 병에 걸렸을 때 항생제로 치료할 방법이 없을 수도 있으니까.

"환자들은 항생제가 내성을 키우므로 적게 먹어야 한다고 잘못 알고 있다. 이는 매스컴에서 항생제를 너무 '공포의 대상'으로 몰아간 탓도 있다. 내성을 걱정한다면, 균이 죽을 때까지 모두 복용해야 맞는 건데 말이다."

이것은 약학이라고는 배워본 적도 없는 생화학과 출신인 내가 한 말이 아니다. 방송에서 약과 관련된 다양한 정보를 과학적이면서 알기 쉽게 제공하고 있는 약사 정재훈 선생님 말씀이다.

일단 항생제는 나쁜 것이 아니다. 항생제가 없었다면 이 세상은 말라리아, 결핵, 폐렴, 콜레라, 이질뿐만 아니라 가벼운 피부염으로도 죽는 사람 천지일 것이다. 폐렴에 한두 번 걸려보지 않은 사람이 어디에 있는가? 옛날 같으면 죽을 고비를 몇 번은 넘긴 셈이다.

결핵 환자에게 의사선생님이 항생제를 6개월 처방했다면 6개월을 먹어야 한다. 몇 달 되지 않았는데 다 나은 것 같아도 그것은 나은 게 아니다. 항생제 때문에 결핵균의 활성도가 일시적으로 억제되어 증상만 사라진 것이지 결핵균이 완전히 사멸된 것이 아니다. 공격이 멈추면 결핵균은 항생제에 내성이 생겨서 더 강해진다. 내성이란 약을 오래 먹어서가 아니라 근절되기 전에 투약을 중단해서 생긴다.

매일 정신 사나운 기사가 쏟아져서 그렇지 요즘 우리 마음에는 희망이 가득하다. 작년 10월만 해도 우리 사회에 새로운 희망이 움틀 것이라고 누가 생각이나 했는가? 우리는 지금 사회의 환부에 항생제를 투약하고 있다. 증상이 사라졌다고 해서 투약을 중단하면 금방 망한다. 뿌리를 뽑을 때까지 항생제를 끊지 말아야 한다. 그래야 내성균이 생기지 않는다. 끝까지 악랄하게 먹자.

( 2 부 )

# 이보다 더 염치없을 수는 없다

# 멸종을 배우는 이유

나는 자연사박물관에서 일했다. 자연사(自然史)는 말 그대로 자연의 역사다. 그런데 자연의 역사란 결국 멸종의 역사다. 사라져버린 것들의 역사다.

우리가 과학시간에 배웠던 종-속-과-목-강-문-계에서 문(門)은 생명의 설계도에 해당한다. 지금까지 지구상에 등장했던 동물문은 38가지로, 그 38문 중 하나가 오파비니아다. 눈이 다섯 개나 있고 코끼리 코처럼 길게 나온 주둥이 끝에 집게 팔이 달려 있던 오파비니아가 후손을 남겼다면 지금 눈이 다섯 개 달리고 코끼리 코처럼 기다린 주둥이를 가진 생물들이 땅과 바다에 득실거렸을지도 모른다. 하지만 오파비니아는 어떤 후손도 남기지 못한 채 사라지고 말았다. 현재는 37가지 문이 남아 있다.

오파비니아가 처음 생겼을 무렵 피카이아라는 바다 동물도 생겨났다. 만약에 오파비니아 대신 피카이아가 후손을 남기지 못하고 사라졌다면 어떤 일이 벌어졌을까? 등뼈 속에 신경이 흐르고 있는 동물, 그러니까 어류, 양서류, 파충류,

조류, 포유류는 지구상에 등장하지 못했다. 물론 인류도 지구상에 없다. 피카이아가 멸종하지 않고 살아남은 것은 등뼈가 있는 모든 동물들이 함께 기뻐해야 할 일이다.

물론 피카이아도 곧 멸종했다. 다만 다른 종류의 동물로 진화한 후손을 남겼을 뿐이다. 지금 지구상에 살고 있는 생물은 약 2천만 종에서 1억 종 사이이다. 엄청나게 많은 종류인 것 같지만 지금까지 지구에 등장했던 생물의 1퍼센트에 불과하다. 나머지 99퍼센트는 이미 멸종했다.

모든 생물은 결국 멸종한다. 3억 년 동안 고생대 바다를 지배했던 삼엽충도 멸종했고, 1억 5천만 년 동안 중생대 육상을 지배했던 공룡들도 소행성 단 한 방에 멸종했다. 자연사박물관은 이렇게 멸종한 생명을 전시하는 곳이다.

그렇다면 왜 자연사박물관을 세워서 멸종한 생명을 전시할까? 그들의 실패를 배우기 위해서다. 삼엽충과 공룡을 비롯한 온갖 생명들이 멸종한 이유를 배움으로써 우리 인류가 버텨낼 방법을 찾기 위해서다.

인류라고 영원할 수는 없다. 언젠가는 멸종하는 게 자연의 이치다. 하지만 인류는 멸종으로 향해 가는 속도가 너무 빠르다. 사람 정도 크기의 생명체라면 적어도 150만 년은 존재하는 것이 정상이다. 그런데 호모 사피엔스가 등장한 지 겨우 20만 년밖에 안 됐는데 멸종을 걱정하고 있다. 과학자들은 인류가 빠르면 500년, 길면 1만 년 안에 멸종하고 말 것이라고 한다. 자연사박물관을 세우고 자연사를 공부하는 이유는 인류의 지속을 위해 무엇을 해야 할지 공부하고 고민하고 대책을 세우기 위해서다.

한 나라의 역사를 공부하는 것도 마찬가지다. 자연사가 멸종의 역사이듯 한 민족의 역사는 망국의 역사다. 찬란했던 로마 제국은 망했다. 한나라와 청나라도 망했다. 광활한 영토를 차지하고 다른 민족을 지배했던 모든 민족의 역사는 결국 망한 역사다. 우리 민족의 역사도 마찬가지다. 고구려도 망했고 통일신라도, 고려도, 조선도 망했다. 찬란했지만 결국 망했다. 소련도 망했고 미국도 언젠가는 망할 것이다. 이것이 역사다.

자연사는 하나가 아니다. 자연사는 아주 긴 시간에 관한 역사이고 무수히 많은 생명의 역사이므로 충분히 다양한 증거가 있음에도 불구하고 학자들마다 각 생명의 멸종을 바라보는 시각이 제각각이다. 공룡의 멸종에 대한 이론은 100가지가 넘는다. 다양한 이론이 자유롭게 논의되고 있다. 이것이 바로 자연사의 강점이다. 단 한 가지의 자연사만 있다면 우리 인류의 운명은 위태롭다.

한 민족과 나라의 역사는 자연사에 비하면 무척이나 짧다. 해석이 자연사보다 훨씬 더 분분할 수밖에 없다. 역사를 바라보는 시각과 이론이 다양하면 다양할수록 민족과 나라의 지속성에는 도움이 된다. 역사를 바라보는 관점이 다르다고 해서 사람을 배척하면 안 된다. 그것이 오히려 민족과 나라의 생존을 위협하는 반민족적이며 반국가적인 행동이다.

자긍심만으로 서술한 단일한 역사 교과서를 사용하는 나라가 있다. 바로 북한이다. 김씨 일가의 무오류성과 영도를 찬양하는 단 하나의 역사를 가르치는 북한의 지속 가능성은 매우 낮다. 역사에서 배우지 못하기 때문이다.

국정 교과서가 역사를 왜곡할지 친일 교과서가 될지 나는 알 수 없다. 하지만 국정 교과서가 바로 북한식 교과서라는 것은 분명하다. 북한식 역사 교과서는 대한민국의 지속성을 위협할 것이다. 하필이면 북한식으로 역사를 가르치겠다는 심사를 도대체 이해할 수가 없다.

# 하늘에서 미제가 쏟아진다면

재레드 다이아몬드(Jared Diamond)가 쓴 『총, 균, 쇠(Guns, Germs, and Steel)』는 서울대생이 학교 도서관에서 가장 많이 빌려보는 책 가운데 하나다. 이 책이 생물지리학 분야에서 중요한 책이기는 하지만 도대체 왜 그리 많이들 읽는지는 잘 모르겠다. 아마 선배들이 봤다고 하니까 후배들도 덩달아 너도 나도 따라서 읽은 것일 테다.

『총, 균, 쇠』는 750쪽이 넘는 두꺼운 책이지만 단 한 가지 질문에 집중한다. 지구에 살고 있는 모든 사람들은 같은 조상에서 나온 호모 사피엔스다. 그런데 왜 문명 발달 속도가 저마다 다를까?

여기에 대한 가장 일반적인 해석은 유전자의 차이라는 것이다. 흑인, 황인, 백인의 유전자가 다르며 그에 따라 지능도 다르다는 것이다. 하지만 과학계에서 이미 '인종'이란 단어는 퇴출되었다. 대륙마다 유전자가 다르다는 증거가 없다.

두 번째 해석은 필요의 차이, 기후에 따른 천성 같은 게 원인이라는 것이다. 창의성은 기후가 추운 곳에서 발휘된다는 게 그들의 주장이다. 하지만 문명 발달에 가장 중요한 요소인 바퀴, 문자, 농업, 야금술은 모두 더운 지방에서 발명된 후 추운 지역으로 전파되었다.

재레드 다이아몬드는 전혀 다른 이야기를 한다. 그는 1532년 스페인의 피사로 원정대와 잉카의 아타우알파 황제 사이에 벌어졌던 전쟁을 예로 든다. 피사로의 원정대는 기병 62명과 보병 106명이 전부였다. 아타우알파 황제 뒤에는 자그마치 8만 명의 대군이 서 있었다. 19 대 1로 싸워서 이겼다는 허풍은 많이 들어봤어도 400 대 1로 싸워서 이겼다는 얘기는 들어본 적이 없다. 그런데 결과는 스페인의 압승이었다. 거기에는 몇 가지 이유가 있었다.

첫째는 무기다. 둘째는 유럽인이 가져온 전염병이고, 셋째는 대양을 건너는 해양기술과 문자였으며 강력한 통솔력을 발휘하는 정치조직이다.

그런데 왜 유럽인에게 가능했던 일이 잉카인에게는 일어나지 않았을까? 재레드 다이아몬드는 농업의 발전이 대륙의 모든 차이의 원인이라고 주장한다. 그렇다면 우리는 '도대체 왜 어느 지역은 농업의 발전이 빨랐고, 어느 지역은 발전이 더디거나 아예 농업을 시작하지도 못했을까?'라고 물을 수밖에 없다.

재레드 다이아몬드는 기후, 고도와 지형의 변화 정도, 가축화할 수 있는 포유류와 곡물화할 수 있는 야생식물의 차이 때문이라고 설명한다. 결국 환경적 차이 때문이라는 것이다. 민족과 대륙마다 역사가 다르게 진행된 까닭은 민족의 생물학적인 차이가 아니라 환경적인 차이 때문인 것이다. 재레드 다이아몬드의 논리는 명확하다. 문명 발달의 기초는 농업이며, 잉여생산물이 생기면 기술을 발달시킬 전문가들이 생기고 결국에는 문자와 정치조직이 발달했다. 그런데 농업의 발달 정도를 결정한 것이 바로 환경이라는 것이다.

『총, 균, 쇠』는 인종의 차이를 뛰어넘는 인류사의 중요한 요소들을 한 권의 책으로 묶어냈다는 점에서 큰 의의가 있다. 재레드 다이아몬드는 분명히 전 세계 사람들에게 새로운 통찰을 제공했다.

원래 재레드 다이아몬드는 생리학자로 과학계에 발을 내디뎠다. 그를 생물지리학자로 변신시킨 질문은 뉴기니에서 나왔다. 1972년 재레드 다이아몬드는 조류학자와 진화생물학자로서 뉴기니 해변에서 새의 진화를 연구하고 있었다. 그러던 어느 날, 뉴기니의 해변을 걷다가 뉴기니인 정치가 얄리로부터 이런 질문을 받았다.

> "당신네 백인들은 그렇게 많은 화물(cargo)들을 발전시켜 뉴기니까지 가져왔는데 어째서 우리 흑인들은 그런 화물을 만들지 못한 겁니까?"

여기서 화물이란 쇠도끼, 성냥, 의약품, 옷, 청량음료, 우산에 이르는 온갖 물건을 말한다. 뉴기니 사람들에게 화물은 하나의 신앙이었다. 카고 컬트(cargo cult), 즉 화물숭배가 바로 그것이다.

제2차 세계대전 당시 남태평양의 섬에는 미군 비행장이 건설되었다. 미군 비행기가 착륙할 때마다 신기하고 쓸모 있는 화물들도 함께 왔다. 미군들은 물건을 조금씩 원주민들에게 넘겨주었다. 하얀 알을 먹으니 설사가 멎었다. 기적이었다. 원주민에게 놀라운 사실은 따로 있었다. 물건을 넘겨주는 미군들은 아무런 생산 활동을 하지 않는다는 것이다. 화물은 비행기에서 저절로 생겨났다. 화물은 신이 내려준 선물 같았다.

전쟁이 끝났다. 미군 비행장은 폐쇄되었다. 원주민들은 더 이상 문명의 혜택을 누리지 못하게 되었다. 원주민은 대나무로 비행기와 관제탑 모형을 만들어놓고는 제사를 지냈다. 간절히 원하면 우주가 도와줄 것처럼 제사를 지냈다. 후에 미국인들이 와서 그들의 오해를 풀어주려고 해도 그들의 깊은 신앙심은 흔들리지 않았다. 뉴기니에는 아직도 화물숭배가 남아 있다. 매년 2월 15일이 되면 USA라는 그림을 그리고, 성조기를 펼쳐들고, 대나무 막대기로 만든 총을 어깨에 걸치고 사열하는 부족도 있다. 하지만 그들의 깊은 신앙심에도 불구하고 더 이상 화물은 내려오지 않는다. 참으로 안타까운 일이다.

그런데 이게 남의 일이 아니다. 21세기 대한민국에서도 화물숭배가 활개치고 있다. 지난 3월 1일 서울시청 앞에는 성조기와 태극기, 심지어 뜬금없이 이스라엘 국기를 든 사람들이 500만(!) 명이나 모였다. (500만 명이 한군데에 모여도 서울시 교통은 전혀 마비되지 않았으며 생수를 비롯한 생필품 공급과 화장실 사용에도 아무런 문제가 없었다. 단 1만 6천 명의 경찰 병력만으로도 질서를 유지할 수 있었다. 이 정도 대처라면 웬만한 전쟁이 나도 서울시민은 무사할 것 같다. 서울시 만세! 경찰청 만세!)

이것은 한국전쟁의 기억 속에서 북한을 블레셋으로, 미사일과 핵을 골리앗으로 섬기며 저주하는 또 다른 화물숭배이다. 화물숭배 신앙인에게는 답이 없다. 시간이 흘러 자연적으로 소멸하기를 바라야 한다. 그러고 보니 『총, 균, 쇠』를 읽어야 할 이유가 분명 있는 것 같다.

# 무지만큼 불행한 것도 없다

"사람은 원래 신이었다. 지금 땅에 살고 있는 사람이라도 언젠가 원래의 몸으로 돌아가면 다시 신이 된다. 그리고 그 신은 불사(不死)의 존재인 영생체가 된다. 즉 하느님이 되는 것이다. 그 후에야 하늘나라에 들어갈 수 있고, 이것이 구원이다."

영세교의 핵심교리다. 구원은 스스로 깨닫거나 세상에 덕을 쌓는다고 이뤄지는 게 아니다. 오직 단 한 개의 통로가 있을 뿐이다. 단군, 미륵, 거사로도 불렸던 칙사가 바로 그분이다. 세상일을 칙사가 친히 할 수는 없는 법. 대리인이 필요하다. 칙사는 스물두 살의 젊은 여성을 선택하고 그녀에게 편지를 썼다.

"어머니의 목소리가 듣고 싶을 때 나를 통하면 항상 들을 수 있습니다."

그렇다. 칙사님은 죽은 사람을 꿈에 나타나게 하는 현몽(現夢)의 능력이 있었던 것이다. 전자공학을 공부한 그녀가 단순한 편지에 넘어갈 리는 없다. 칙사께서는 여인에게 돌아가신 어머니의 목소리를 전했다. 그것도 어머니와 딸 둘만 알고 있는 비밀 이야기였다. 칙사는 신령스러운 존재였다. 보지 않고도 믿는 자는 복이 있지만, 보고도 믿지 않는 자는 어리석다.

그녀는 1977년 당시 주한 미8군 소속 군목과 이런 이야기를 나눈다.

“신앙은 내 인생의 목표이며, 삶의 의미가 돼왔습니다. 특히 어머니께서 돌아가신 후 여러 가지 어려움을 극복하는 데 있어 신앙은 나에게 큰 힘이 돼주었지요.”

그녀는 칙사에게 몸과 정신을 지배당하게 되었다.

칙사께서는 뭐가 그리 급했는지 1994년에 선계로 돌아가시고 그의 다섯째 딸에게 영적 능력을 물려주었다. 제2대 칙사께서는 대한민국을 신계로 만들기로 하였다. 가장 확실한 방법은 신도 중 한 명을 대통령으로 세우는 것. 캠프에서 생산되는 어리석은 유세 일정표와 연설문을 일일이 손수 다듬어주었다. 창당에 관여하였으며 남편을 비서실장으로 보내어 현지에서 밀착하여 지도하게 하였다.

하늘나라에 계신 제1대 칙사님의 보살핌과 제2대 칙사님 부부의 지도편달 끝에 2013년 그녀는 마침내 대한민국 제18대 대통령으로 취임하였다. 대통령이 되었다고 가르침이 멈출 수는 없다. 이제는 멈추려야 멈출 수도 없는 지경에 이르렀다. 이만큼 가르쳐놨으면 웬만한 것은 스스로도 할 수 있으련만 하나부터 열까지 다 일러주어야 했다. 오죽하면 칙사님도 "해외에 나가서도 전화를 걸어 일일이 묻는다"라면서 언짢아하겠는가.

완벽한 교육이란 있을 수 없다. 제자가 어느 정도 수련을 하고 나면 하산을 명하는 것이 올바른 스승의 자세다. 여기서 진정한 스승인가, 사심이 가득한 사이비 스승인가가 판가름된다. 칙사님은 그녀가 대통령이 되고 그 옆에 수많은 보좌진을 둘 수 있음에도 불구하고 여전히 그녀의 영혼을 지배하려 들었다. 보좌진을 자신의 수족으로 채웠다. 칙사의 사랑은 끝이 없다. 칙사는 청와대를 비서관의 차로 자기 집처럼 드나들면서 대통령의 옷과 장신구를 지정해주었으며, 안보기밀을 살펴보고, 친히 대통령의 연설문을 다듬었다.

그녀는 판단력을 점차 잃어갔다. 원래 없었던 것 같지는 않다. 미국 국방연구원의 오공단 책임연구원은 그녀가 서강대 전자공학과에 다닐 때 "늘 과제물을 기한 내에 잘 제출하였고 자신의 생각을 분명하고 간결하게 잘 전달해 내 수업에서 A학점을 받았다"고 밝혔다. 그랬던 그녀가 "우리의 핵심 목표는 올해 달성해야 할 것이 이것이다 하고 정신을 차리고 나아가면 우리의 에너지를 분산시키는 것을 해낼 수 있다는 그런 마음을 가지셔야 합니다" 같은 암호문을 말할 지경에 이르렀다. 더 놀라운 것은 그녀 앞에 있던 그 많은 장관들이 고개를 갸웃하지도 않으면서 저 말을 받아 적고 있었다는 사실이다. 당연하다. 칙사님의 말씀은 원래 의심하지 않고 받아 적는 것이다.

세상에 공짜 점심은 없다. 무당에게는 복채를 주고 하다못해 노름 구경꾼에게도 개평을 주는 법이다. 보답의 크기는 은혜와 비례한다. 산술급수적인 비례가 아니라 기하급수적인 비례다. 시작점에서 변곡점까지는 기울기가 아주 작지만 변곡점 이후에는 수직상승하는 그래프를 생각하면 된다. 통일은 대박이요, 간절히 원하면 우주가 도와주는데 그깟 복채를 아낄 필요가 없다. 복채도 품위 있고 지속가능하게 드려야 한다. 칙사의 다른 이름이었던 미륵재단을 세우기로 한다. 한 개보다는 두 개가 안전하다. 미륵을 둘로 쪼개니 미르와 K가 된다.

사이비 종교를 가르는 방법은 간단하다. 맹목적인 충성을 요구하면 사이비다. 목사에게, 스님에게, 칙사님에게 맹목적으로 충성을 한다면 그것은 사이비다. 사이비를 편드는 사람 역시 사이비다.

종교 집단과 교인이 상식 밖의 행동을 한다면 사이비다. 근무시간에 비서실장도 모르게 일곱 시간 동안 사라진다든지, 심각한 경제 위기 상황에서도 경제부총리 얼굴을 보면서 보고받기를 싫어한다든지, 추모식장에 가서 상주 대신 엉뚱한 할머니의 손을 잡고 위로를 한다든지, 비서가 포크를 가져다주기 전까지는 햄버거에 손을 대지 않는다든지 하는 비사회적인 또는 반사회적인 행동을 한다면 그 사람은 사이비 종교에 빠졌을 가능성이 크다.

불 위를 걷는 사람, 심령술사, 외계인에게 납치됐다가

돌아온 사람, 영생주의자, 현몽술, 창조과학처럼 이상한 것을 믿는 데는 이유가 있다. 그것은 영원히 마르지 않는 희망이다. 그들은 내일은 더 나은 행복과 만족을 찾아 앞날을 내다보는 사람들이다. 불행하게도 그들은 비현실적인 약속을 붙들거나 불관용과 무지를 고집하고 타인의 삶을 가볍게 여김으로써 더 나은 삶을 획득할 수 있다고 믿는다. 미래의 삶에 집착한 나머지 지금 우리가 가지고 있는 것을 버리는 것이다. 우리가 우리 사회와 나라를 지키려면 그들을 솎아내는 수밖에 없다.

# 간단하고 분명하게

1984년 5월의 일이다. 당시 대학가에는 독일의 언론인 위르겐 힌츠페터(Jürgen Hinzpeter)가 촬영한 1980년 5월의 광주를 담은 비디오테이프가 돌고 있었다. 우리는 그 비디오테이프를 교회에서 상영하기로 했다. 물론 진보적인 담임목사님은 흔쾌히 허락을 해주었다. 그런데 나중에는 대학부 담당 부목사님을 통해 상영을 하지 말라는 말을 전해왔다. 안기부 소속 공무원인 한 집사님이 강력히 반대한다는 게 그 이유였다. 그러고는 해외출장을 떠났다.

영상을 보겠다는 신도들과 틀어서는 안 된다는 집사, 그 사이에서 이러지도 저러지도 못하는 부목사님을 보면서 우리는 그들이 싸우거나 말거나 그냥 비디오를 틀었다. 어쨌든 우리는 담임목사님의 허락을 받았으니까.

교회 일이 다 그렇지만 다음 주가 되자 언제 무슨 일이 있었냐는 듯이 평온했다. 심지어 안기부 집사님의 눈에서도 독기가 빠져 있었다. 몇 주 후 돌아온 담임목사님도 그 일을 거론하지 않았다. 사람들은 목사님의 지혜를 얘기했다. 누구

편도 들어주지 않으면서 학생들이 원하는 것을 하게 해주지 않았냐는 것이었다. 과연 그런가? 나는 아직도 그 목사님을 존경하지만, 그건 아니다. 목사님은 책임을 방기했다. 어떠한 위험도 감수하지 않은 채 부목사와 신도들에게 책임을 떠넘겼다. 그때 다짐했다. 내가 목사가 되면 절대로 저러지 말아야지 하고 말이다. (그래서인지 나는 목사가 되지 못했다.)

우리가 비디오테이프 하나로 교회에서 소동을 벌이기 2년 전이던 1982년 2월 20일 특이한 결혼식이 치러졌다. 결혼식에 신랑과 신부는 끝내 나타나지 않았다. 수배자였던 것이 아니다. 두 사람은 이미 고인이었다. 신랑은 1980년 사망한 윤상원, 신부는 1978년 사망한 박기순이었다. 두 사람 사이에는 짧은 인연이 있었다. 신랑은 은행원이었지만 정규 교육의 기회를 얻지 못한 이들을 위해 '들불야학'의 교사로 활동했고, 신부는 들불야학의 창립 멤버였지만 불의의 사고로 일찍 세상을 떠났다. 그 후 윤상원은 5월 광주민중항쟁 당시 외신기자들을 상대로 시민군 대변인으로 활약하다가 광주도청이 함락된 5월 27일 사망했다.

소문 없이 열린 결혼식은 역사적인 노래 한 편을 남겼다. 백기완의 옥중 시 「묏비나리」를 다듬어 황석영이 만든 가사에 윤상원의 전남대 후배 김종률이 선율을 입힌 〈님을 위한 행진곡〉이었다. 제목은 행진곡이었지만 사실은 진혼곡이었다.

〈님을 위한 행진곡〉은 1980년대 내내 대학과 거리에서 많이 불리던 노래였다. 이제는 홍콩, 대만, 중국, 캄보디아, 태국, 말레이시아, 인도네시아 등에서 그 나라 말로 불리고 있다고 한다. 때로는 록으로, 때로는 발라드로 장르를 넘나들기도 한다.

그런데 이 아름다운 노래를 5 · 18 기념식에서 제창하느냐, 합창하느냐가 꽤 오랫동안 논란거리가 되었다. 국가보훈처는 〈님을 위한 행진곡〉의 제창을 허용하지 않았다. 식순에 합창 순서가 있으니 부르고 싶은 사람은 따라 부르라는 게 보훈처의 입장이었다.

보훈처는 〈님을 위한 행진곡〉이 북한에서도 불린다는 극우 보수 단체들의 주장을 근거로 제창을 반대한다. 그렇다면 〈우리의 소원〉이나 〈고향의 봄〉 그리고 〈아리랑〉은 어쩔 것인가. 극우 보수 단체는 5 · 18 민주화운동의 역사적 가치를 부정한다. 국가보훈처가 이런 극단적인 견해를 고려할 이유가 없다. 5 · 18 민주화운동은 국사 교과서에도 실려 있으며 국가에서 공식적인 기념식을 거행하고 있는, 국민적 합의가 이루어진 역사다. 간단한 일을 복잡하게 만들 필요가 없다.

과학자들은 일을 간단하고 분명하게 한다. 천동설을 옹호했던 그리스 천문학자 프톨레마이오스는 행성이 오던 길을 되돌아가는 '역행'을 설명하기 위해 주전원과 이심을 도입해야 했다. 천체운행도는 매우 난해하고 복잡해졌다. 일반인은 물론이고 천문학자도 이해하기 힘들었다.

하지만 코페르니쿠스는 지구와 태양의 자리를 맞바꾸

는 것만으로 행성의 역행을 비롯한 모순을 간단히 해결했다. 더 이상 주전원과 이심 같은 구차한 장치들은 필요 없었다. 우주의 구조는 심플했다. 14세기 영국 철학자 오컴의 윌리엄(William of Ockham)은 이렇게 말했다.

> "복잡한 이론과 간단한 이론이 있을 때, 복잡한 이론이 맞는다는 확증이 없는 한 간단한 이론을 선택해야 한다."

이 논리를 우리는 오컴의 면도날(Ockham's razor)이라고 한다.

'과학적'이라는 것은 최대한 간단하게 잘 설명하는 것이다. 이를 위해 가장 먼저 버려야 할 것은 '탐욕'이며 갖추어야 할 최소한 것은 바로 '염치'다. 염치만 있으면 누구나 과학적으로 생각할 수 있다.

대한민국의 민주주의를 위해, 대한민국의 전진을 위해 많은 사람이 목숨을 잃었다. 그들을 기리는 노래 하나 편하게 부르지 못하는 나라를 변명하려면 너무나 많은 구차한 논리들이 필요하다. 깔끔하게 가자.

# 창의적인 허세

"도널드 트럼프의 행동은 여러모로 수컷 침팬지와 그들의 지배 의식을 떠올리게 한다."

2016년 9월 18일 침팬지 행동 연구로 유명한 영국의 동물학자 제인 구달 박사가 이런 말을 했을 때만 해도 '뭐, 그런 사람은 어디에나 있는 거지'라는 생각에 흘려들었다. 그런데 이제 이 말을 곰곰이 곱씹게 되었다. 대부분의 언론과 여론 조사기관의 예측과는 달리 트럼프가 미국의 제45대 대통령으로 선출되었기 때문이다.

구달 박사가 트럼프에게서 수컷 침팬지를 떠올린 까닭은 이러하다. 수컷 침팬지는 경쟁자를 제압하기 위해 발을 구르고 손으로 땅을 치고 나뭇가지를 휘젓고 돌을 던지면서 위협한다. 수컷 침팬지는 이런 과시 행동을 통해서 지배자인 알파 수컷이 된다. 그리고 지배자로 오래 남기 위해서는 새롭고 창의적인 과시 행동을 더 활발하게 해야 한다. 대부분 허세다.

트럼프가 딱 그랬다. 그의 언행은 과격하고 도발적이었다. 8년이나 흑인 대통령의 지배(!)를 받으면서 자존심이 상할 대로 상한 시골의 저소득 저학력 백인 남성들은 또다시 여성 대통령의 휘하에 들어가고 싶지 않았다. 그들은 기꺼이 트럼프에게 표를 던졌다. 트럼프를 알파 수컷으로 인정한 것이다.

트럼프는 '미국을 다시 위대하게'라는 슬로건을 내세웠다. 미국의 저소득 저학력 백인 남성들은 트럼프를 통해 자신도 위대해지기를 바랐다. 단순히 트럼프를 자신들의 알파 수컷으로 선택하기만 하는 게 아니라 자기 스스로도 국제 사회의 알파 수컷이 되고 싶어 한 것이다. 국제사회가 다원화되면서 잃었던 미국의 지위를 회복함으로써 자신이 세계 사회의 알파 수컷이 되겠다는 것이다. 물론 착각이다.

트럼프에게 표를 준 사람들은 트럼프가 자신의 일자리를 만들어줄 것으로 기대한다. 알파 수컷은 자비로운 지배자가 아니다. 알파 수컷이 이익을 취하듯이 트럼프도 지지자들의 기대를 미끼로 많은 이익을 취할 것이다. 일자리를 만들겠다는 핑계로 현재 35퍼센트에 이르는 법인세를 15퍼센트로 낮추고 최상위층 세율을 40퍼센트에서 25퍼센트까지 대폭 내리겠다고 한다.

덕분에 서민 계층이 받게 되는 복지 혜택은 크게 줄게 된다. 하지만 연소득 2만 5천 달러 이하의 저소득층은 연방 소득세를 면제해주겠다는 말에 현혹되고 있다. 그들은 부자

감세가 자기에게 어떤 영향을 끼칠지 따지지 못한다. 오바마케어도 위기에 처했다. 나중에야 어떻게 되든 당장 지출해야 할 의료보험비가 사라지는 것을 환영할 것이다. 트럼프는 불법 이민자들을 색출해서 추방하고 오바마가 내린 총기규제 행정명령을 취소할 것이다. 그리고 고령의 저소득층 백인 남성들은 또 여기에 열광할 것이다. 이제는 상하원 모두 공화당이 지배하게 되었으니 트럼프는 자신의 맘대로 할 수 있다. 그는 진정한 알파 수컷이 되었다.

대통령에 오른 트럼프는 점잖아질까? 아니다. 한국과 일본에게 방위비 분담금 증액과 FTA 재협상을 요구하고 환태평양경제동반자협정(TPP)을 철회하고 멕시코 국경에 담벼락을 세우겠다는 공약을 실천할 것이다. 그리고 여기에 그치지 않고 새로운 과시 행동을 발굴할 것이다.

실제로 자기에게 이익인지 아닌지는 따지지 않고 소란스러운 수컷을 알파 수컷으로 인정하는 일은 침팬지에게만 국한된 것은 아니다. 사람에게서도 가끔 나타난다. 왜 아니겠는가? 현생 인류와 침팬지는 DNA 염기쌍 가운데 98.8퍼센트를 공유하는데 말이다.

한국 사회는 최근 패닉 상태다. 우리는 국기문란과 국정농단이 무엇인지 뼈저리게 경험하고 있다. 도대체 알파가 누구였는지조차 헷갈리고 있다. 어쩌면 국민이 투표로 선택한 박근혜 대통령이 아닐지도 모르겠다.

박근혜 정부도 지배자로서의 과시 행동을 꾸준히 개발

했다. 문화융성, 창조경제라는 이름으로 행한 온갖 허세가 바로 그것이다. 한국사 국정 교과서 편찬사업도 거기에 속한다. 역사에서 실패의 교훈을 배워서 국가를 지속 가능하게 하는 방안을 찾기보다는 무작정 자부심을 느끼면서 마치 자기가 알파라는 착각에 빠지고 싶어 하는 비역사적인 계층을 한데 묶는 데 성공한 사업이다. 이것은 허세다. 역사 교과서를 누가 저술하는지 아무도 모른다는 게 그 증거다. 저술에 참여하고 있는 학자들은 합리적인 토론을 견뎌낼 힘이 없다는 것을 보여준다.

트럼프 당선자와 박근혜 대통령이 잘 모르는 게 있다. 우리는 침팬지가 아니라는 것이다. 우리는 침팬지와 다른 DNA를 1.2퍼센트 가지고 있다. 수컷 침팬지와 같은 과시 행동이 영원히 통하는 게 아니다. 허세는 곧 들통 난다. 침팬지 사회에서도 알파 수컷의 지배 기간은 그리 길지 않다.

# 과거로 자꾸 되돌아가기

타임슬립(time slip)은 과학소설(SF)과 판타지소설에서 자주 사용하는 장치로, 주인공이 알 수 없는 이유로 시간 여행을 하는 현상을 말한다. 주인공은 타임슬립을 전혀 통제하지 못한다. 당연히 독자들에게도 타임슬립의 원리는 설명되지 않는다. 이런 상투성에도 불구하고 SF에서 많이 쓰이는 이유는 같은 사람이 다른 시공간에서 겪는 부조리를 극명하게 드러내기에 좋은 장치이기 때문이다.

옥타비아 버틀러(Octavia Estelle Butler)는 타임슬립의 전형을 보여주는 흑인 여성 작가다. 그녀는 백인 남성의 전유물로 여겨지던 SF계에서 문학적인 성취와 상업적인 성공을 함께 거두었다. 인종과 젠더의 문제를 완벽하게 녹여낸 페미니스트이면서 동시에 아프로퓨처리즘(Afrofuturism)의 대표주자로 유명하다. 아프로퓨처리즘은 아프리카의 정신과 미국을 비롯한 서구 국가의 기술을 역사, 판타지, 과학을 매개로 융합한 예술 사조다.

옥타비아 버틀러의 장편소설 『킨(Kindred)』은 인종차

별과 성차별이라는 이중 차별을 고발하는 타임슬립 이야기다. 1976년 6월 약혼자 케빈과 동거를 시작한 주인공은 짐을 정리하다가 현기증을 느끼며 쓰러진다. 깨어보니 다섯 살쯤 된 백인 아이 루퍼스가 물에 빠져 죽어가고 있다. 아이를 구해낸 주인공에게 아이 엄마로 보이는 백인 여성이 총을 들이댄다. 공포에 빠져 정신을 잃었다가 깨어보니 약혼자가 걱정스럽게 쳐다보고 있다. 자신이 몇 분 동안 사라졌다고 한다. 몇 시간 후 다시 정신을 잃는다. 이번에도 위험에 빠진 같은 아이를 구한다. 그런데 나이가 조금 더 들었다. 루퍼스는 주인공을 '검둥이'라고 부른다. 그녀는 뭔가 이상하다고 느낀다. 그렇다. 그녀는 1976년의 서부 캘리포니아에서 1815년의 동부 메릴랜드로 타임슬립을 했던 것이다. 그리고 알고 봤더니 그 백인 꼬마 루퍼스는 자신의 먼 조상이었다.

타임슬립은 반복해서 일어난다. 현재에서는 자유인인 주인공이 과거로 가면 한 마리의 노예로서 살아간다. 부엌이나 밭에서 허리가 부러져라 일을 하고 도망을 치다가 잡혀서 채찍질을 당한다. 타임슬립이 거듭될수록 루퍼스는 성장하여 농장주가 되고 흑인 노예에게서 애가 태어난다. 주인공은 매번 루퍼스를 위험에서 구해준다. 아직 자신의 조상이 태어나지 않았기 때문이다. 이야기는 치밀하게 진행되고 결말은 짜릿하다.

옥타비아 버틀러는 노예들, 특히 여성 노예들이 겪어야 했던 참혹상을 적나라하게 보여준다. 마치 내 눈앞에서 일어나는 일 같고, 마치 내 등에 채찍질을 당하는 것 같다. 우리가 문학에서 감동을 받는 이유는 그것이 내 이야기일 수도 있기 때문이다. 그런데 이것이 과연 19세기 미국만의 이야기일까.

『킨』의 주인공은 자신이 20세기에 살고 있다는 사실에 감사할까? 현재 미국 흑인의 삶을 보면 꼭 그렇지는 않을 것 같다. 21세기 대한민국에 살고 있는 우리도 마찬가지다. 우리는 요즘 매일 타임슬립을 경험한다. 잠깐 한눈팔고 있다 보면 수십 년 전으로 돌아가 있는 것이다. 20세기와 21세기를 매일 오고간다.

백남기 농민은 내가 다섯 살이던 1968년에 대학에 입학했다. 박정희 독재에 맞서 유신 철폐 시위를 주도하다가 무기정학 처분을 받고 수도원에서 수사 생활을 했다. 내가 고등학교 2학년이던 1980년에 대학에 복학해 총학생회 부회장을 맡았지만 전두환 휘하의 계엄군에 체포되어 고문을 당했다. 가석방된 후 귀향해 농민운동, 우리밀살리기운동을 했다. 그리고 내가 쉰세 살이던 2015년 11월 4일 민중총궐기 도중 경찰의 물대포에 맞아 쓰러졌다. 317일간의 의식불명 상태를 겪은 후 2016년 9월 25일 오후 소천하였다.

경찰은 사인규명을 위한 부검을 하겠다며 압수수색영장을 신청했다. 영장 신청 이야기를 듣자마자 내 머릿속은 경찰이 삼성전자서비스 노조 간부 시신을 강제로 탈취했던 사건이 일어났던 2014년으로 타임슬립되었다. 경찰은 법원이 영장 신청을 기각하자 또 신청하겠다고 한다. 이번에는 장례식장 벽을 뚫고 들어와 한진중공업 노동자 박창수 시신을 탈취한 1991년으로 타임슬립되었다. 그런데 도대체 경찰은 뭐가 궁금한 것일까? 백남기 농민의 사망 원인이 신군부가 자행한 고문 때문인지, 박근혜 대통령 시절의 물대포 때문인지가 불분명한 걸까?

타임머신은 타임슬립과는 다르다. 타임슬립은 주인공의 의도와는 상관없이 일어나는 일이지만 타임머신은 의도적으로 시간을 거스르는 장치다. 우리에게 필요한 것은 타임슬립이 아니라 타임머신이다.

# 형설지공과 노오력

내가 1990년대에 독일에 처음 유학 가서 놀랐던 사실이 몇 가지 있다. 첫째는 아무리 둘러봐도 전봇대가 보이지 않는다는 것이었고 둘째는 사방에 개똥이 널려 있다는 사실이었다. 이때 '개똥도 약에 쓰려면 없다'라는 속담이 떠오르는 것은 당연한 일이었다. 도대체 어떤 상황이기에 그렇게 흔한 개똥마저 찾을 수 없단 말인가. 요즘은 우리나라에서도 개똥을 흔히 볼 수 있는 것을 보면 우리나라가 선진국이 되긴 되었나 보다.

그런데 재밌는 사실이 있다. 우리나라가 선진국이기는커녕 개발도상국에 끼지 못할 때도 개똥이 흔했다는 것이다. 심지어 '개똥'이 하찮은 것을 일컫는 접두어로 쓰일 정도였다. 예를 들어, 전혀 기름지지 않은 밭을 개똥밭이라고 한다. 또 주인 없는 길가 땅에서 자라는 참외를 개똥참외라고 한다. 정성껏 키우기는커녕 지나가다 한 번씩 찰 수도 있는 개똥참외에 맛이 들 리가 없다.

그렇다면 개똥벌레는 어떻게 이런 이름을 가지게 되었

을까? 〈유리벽〉과 〈불씨〉라는 노래를 불렀던 가수 신형원 씨의 최고 히트작 〈개똥벌레〉에 이런 가사가 나온다.

"아무리 우겨 봐도 어쩔 수 없네 / 저기 개똥 무덤이 내 집인 걸."

이 벌레는 밤에는 날아다니지만 낮에는 습기가 있는 곳에 숨어 있는데 어쩌다 보니 소똥이나 개똥 밑에서 기어나오는 모습이 농부들의 눈에 띄었기 때문에 붙은 이름일 수 있다. 또는 예전에는 지천에 널린 벌레라서 개똥벌레라는 이름이 붙었을 가능성도 있다.

요즘 개똥벌레를 개똥벌레라고 부르는 사람은 많지 않다. 그렇게 부를 정도로 흔하기는커녕 어디 가서 구경 한번 해보기도 힘든 벌레가 되었기 때문이다. 대신 반딧불이라는 다른 이름으로 부른다.

반딧불이라는 이름은 왠지 낭만적이다. 그럴 수밖에 없는 게 반딧불은 사랑을 갈구하는 표식이기 때문이다. 반딧불이 꼬리에는 루시페린이라는 물질이 있다. 루시페린이 산소와 결합하여 산화할 때 빛이 난다. 빛을 내니 당연히 에너지는 소모되지만 열은 나지 않는 차가운 빛이다. 일반적으로, 반딧불이 암컷은 배의 여섯 번째 마디에서 불을 내고 수컷은 여섯 번째와 일곱 번째 마디에서 불을 낸다. 당연히 수컷 불의 밝기가 두 배 정도 밝다. 암컷은 날지 않는다. 가만히 앉아서 빛을 내면 날아다니던 수컷이 그 빛을 보고 찾아와 더 강한 불빛을 낸다. 수컷이 마음에 들면 암컷도 불의 밝기를 높여 구애를 받아들이고 짝짓기를 한다.

3년 전 보르네오 섬의 맹그로브 숲에서 나무 하나를 가득 메운 반딧불이를 본 적이 있다. 마치 불을 환하게 밝힌 크리스마스 트리처럼 장관이었다. 그런데 사진으로 찍으면 그 빛이 하나도 보이지 않는다. 바로 옆에 있는 나무도 반딧불이로 가득하지만 바로 그 아래로 가지 않으면 그 빛은 보이지 않는다. 반딧불이는 짝을 찾기 위해서 꼬리를 밝히는 것이지 사람 좋으라고 불을 밝히는 게 아니다.

형설지공(螢雪之功)이라는 말이 있다. 진나라 때 차윤이라는 사람이 반딧불이들을 잡아다 그 빛으로 공부하고, 손강이라는 사람은 눈에 반사된 달빛으로 공부한 끝에 중앙정부의 고급 관리로 출세했다는 이야기에서 비롯된 고사성어다. 글자가 매우 커서 한 페이지에 기껏해야 20글자쯤 되는 천자문을 읽으려면 반딧불이 80마리가 있어야 한다. 얘네들이 동시에 불을 밝히는 게 아니니까 아마 200마리쯤은 있어야 할 것이다. 형설지공은 '너의 성공은 네 환경이 아니라 너 자신에게 달려 있어. 형편 따위를 탓하지 말고 노력을 하란 말이야! 노오력!'을 그냥 네 글자로 줄인 말일 뿐이다.

그분께서 말씀하셨다. (이 책에 나오는 '그분', '그 여인'은 주로 대한민국 제18대 대통령 박근혜를 지칭한다 – 편집자 주.) "우리의 위대한 현대사를 부정하고 세계가 부러워하는 우리나라를 살기 힘든 곳으로 비하하는 신조어들이 확산되고 있다"고. 이제는 시대의 개념으로 굳어진 '헬조선'이나

'흙수저' 그리고 '노오력'을 빗대어 하신 말씀이다. 그분께서는 젊은이들이 왜 이런 말을 쓰게 되었는지 살피시는 대신 다시 모두에게 '피땀', '맨주먹', '콩 한쪽', '불굴', '진취'라는 단어를 제시하셨다. 이 대목에서 오히려 젊은이들의 심정을 이해하게 되는 것은 희극이자 비극이다.

# 개 안에 늑대 있다

"민중은 개·돼지로 취급하면 된다."

많은 사람들이 분노했다. 꽤나 높은 자리에 계신 나리께서 만취와 과로 때문에 한 실언이라고 한다. 그가 기자와 나눈 대화를 쭉 보면 이 발언은 영화 〈내부자〉에서 인용한 게 분명해 보인다. 딱히 민중이 개·돼지라는 게 아니라, 자기 말 못 알아듣는 기자에게 알아듣게 설명하느라 인용한 표현이라는 것이다. 교육부 고위공무원을 오래 하시다 보니 술자리에서도 교육적인 방법을 동원하다 나온 실수인데, 하필 그 상대방이 중앙일간지 가운데 가장 진보적인 입장에 서 있는 〈경향신문〉 기자여서 사달이 났다.

나리께서 이전에 얼마나 많은 기자들 앞에서 이런 이야기를 편하게 나누었을지는 쉽게 짐작이 된다. 아마 지금까지는 상대방들이 맞장구를 쳤을 것이다. 그분들은 자신이 민중이 아니라고 생각했을 테니까. 그런데 살다 보면 나리도 실제 민중을 만날 수도 있고, 자신도 모르게 개·돼지와 술자리를 할 수도 있는 것이다. 이걸 깨닫지 못한 게 그의 실수다. 그래, 실수다. 실수. 술자리 실수에 그리 민감하게 반응하지는 말자. 취하면 개가 되는 사람 어디 한두 번 보는가.

"개·돼지로 보고 먹고살게만 해주면 된다고."

기자도 참 답답하다. 민중을 개·돼지 취급하면 된다는 말이 뭐가 어렵다고 "그게 무슨 말이냐?"며 물었다. 그러자 나리가 이렇게 대답한 거다. '아니 배운 사람이 그것도 못 알아들어…'라는 심정에 짜증스럽게 하신 말씀일 거다. 그런데 이 장면은 교육부 고위공무원으로서는 참 이해하기 힘들다. 학습은 질문에서 시작된다. 따라서 누가 질문하면 구체적인 사례를 들어 대답하고 더 깊은 질문을 유도해야 한다. 설사 그 질문이 어처구니없다고 하더라도 질문자를 격려함으로써 학습욕구를 높이는 게 교사의 역할인데 평소에 그것을 강조하셨을 교육부 나리께서 이러시면 안 된다.

질문을 대하는 자세와 더불어 과학 지식에도 약간 문제가 있다. 세상에 먹고살게만 해주면 되는 동물은 없다. 뱀, 이구아나, 거북 같은 파충류를 키우는 사람들이 흔히 하는 착각이다. 애완동물이랍시고 좁은 플라스틱 상자 안에서 평생을 키운다. 파충류의 뇌는 숨 쉬고 먹고 생식하는 기능밖에 없는 줄 아는 거다. 그렇게 살아도 되는 거면 그들이 왜 밀림을 누비며 다니겠는가.

그리고 개와 돼지가 아무리 같은 포유류에 속한다고 해서 개·돼지로 묶어서 취급하면 안 된다. 개와 돼지는 모두 가축이지만 개와 돼지는 출발선 자체가 다르다. 돼지는 7~9천 년 전에 산 채로 잡혀서 인간 세상에 들어왔다. 자신의 의지가 아니었다. 돼지는 인간의 포로다. 하지만 개는 1~4만 년 전에 자신의 의지로 인간을 동반자로 선택하여 인간 사회에 합류했다. 자연에 살던 늑대가 인간 사회에 와서 개가 되었다. 사람이 개를 사로잡은 게 아니라 개가 인간을 선택한 것이다.

개는 밤낮을 가리지 않고 짖으며 뛰놀았다. 늑대 시절과는 달리 힘겹게 목숨을 건 사냥을 할 필요가 없었다. 놀기만 해도 먹고살 수 있었다. 대신 인간이 개를 위해 사냥을 했다. 가끔 인간들이 사냥할 때 옆에서 재미 삼아 거들기도 하고 결정적인 순간의 기쁨을 차지하기도 했다.

민중을 개·돼지로 여기는 자들은 '개는 돌봐주는 사람을 주인이라 여겨 충성을 바친다'는 얼토당토아니한 착각을 한다. 개는 사람에게 충성을 하는 게 아니라 사람의 충성스런 보살핌에 걸맞은 보상을 하는 것뿐이다. 스스로 주인이라 착각하는 사람의 행실이 바르지 않으면 개는 그 사람을 무리의 아랫것으로 간주한다. 개의 충성심은 특정인에 대한 것이 아니라 무리에 대한 충실함에 가깝다. 잊지 마시라. 개는 늑대에서 왔고 여전히 늑대와 교미가 가능하다.

> "그게 어떻게 내 자식처럼 생각되나. 그게 자기 자식 일처럼 생각이 되나."

"구의역에서 컵라면도 못 먹고 죽은 아이가 가슴 아프지도 않은가, 사회가 안 변하면 내 자식도 그럴 수 있는 것이다. 그게 내 자식이라고 생각해봐라"라는 기자의 말에 나리가 하신 말씀이다. 술자리에서 10분만 이야기해보면 금방 답이 나온다. 상대방이 어떤 사람인지. 취한 사람은 교육부 나리가 아니라 〈경향신문〉 기자인지도 모르겠다. 딱 보면 모르겠는가. '아, 이 사람은 공감능력이 없구나. 어쩌면 뇌의 전두엽 부분에 심각한 장애가 있을지도 모르겠다' 정도로 이해하고 넘어가야 할 것을 굳이 물어서 이런 말까지 끄집어내고 말았다.

기사에서 이 대목을 읽으면서 생각했다. 이 정도로 공감능력이 없는 사람이라면 교사나 목사, 스님이 되면 안 된다. 그들을 양성하는 기관에서 일해서도 안 된다. 우리 사회를 위험에 빠트릴 수도 있다. 이 분은 비난을 받을 게 아니라 당분간 치료와 보살핌을 받아야 한다. 우리나라의 복지체계 안에서 충분히 수용할 수 있다.

> "아이고… 출발선상이 다른데 그게 어떻게 같아지나. 현실이라는 게 있는데…."

그렇다. 현실은 출발선이 달라도 너무 다르다. 그래서 흙수저, 금수저라는 말이 나오는 것이다. 왜 공무원이 존재하는가. 그 다른 출발선을 평등하고 정의롭게 조정하라고, 다른 출발선에서 시작했더라도 과정과 결과가 공정하게 나오게 하라고 있는 것 아닌가. 그걸 그대로 두자고 하면 당신 말대로 개·돼지가 낸 세금으로 월급 받는 공무원으로 일할 자격이 없는 것이다.

나향욱 정책기획관과 같은 생각을 하는 분들 꽤나 계실 거다. 잘 기억하시라. 다시 말하지만 개가 인간을 선택했다. 자기 대신 사냥하고 지키라고 선택한 것이다. 말 안 들으면 문다. 개 안에 늑대 있다.

# 참모진의 산수 실력

“외계인의 존재를 믿으십니까?”

내가 대중 강연을 마치고 더 이상 질문이 없다 싶어서 노트북을 닫을라치면 그제야 튀어나오곤 하는 질문이다. 묻는 분은 주저하시지만 나는 당당히 대답한다.

“그럼요. 우주에는 우리와 같은 지적 생명체가 살고 있는 행성이 수천억 개가 넘을 겁니다.”

질문은 이어진다.

“그렇다면 지적 생명체가 갖고 있다는 ‘지성’의 기준은 뭘까요?”

거기에 대한 답도 정해져 있다.

“우주를 수학적으로 서술할 수 있거나, 또는 적어도 수학적으로 서술하려고 노력하는 자세를 말합니다.”

우리가 지성인으로 자부하기 위해서는 직관에 의존해서는 안 된다. 수학을 해야 한다. 수학은 모양과 셈에 대한 학문이다. 수학으로 자연의 원리와 질서를 이해하는 것만큼 아름다운 일은 없다. 그리고 사람은 누구나 아름답기를 원한다. 실제로 자연과 우주를 일상의 말이 아니라 수학이라는 언어로 표현하려고 노력하는 사람들이 많다. 우리는 대개 비유를 통해서 아인슈타인의 상대성이론을 이해한다. 비유는 사람마다 이해하는 방식이 다 달라서 같은 비유를 서로 다르게 이해하는 경우가 많다. 하지만 상대성이론을 장방정식으로 풀었다면 이런 일은 일어나지 않는다. 왜냐하면 수학에는 답을 구하는 표준적인 방식이 존재하기 때문이다. 문제를 스스로 풀거나 다른 사람이 푸는 과정을 보면 누구나 그 답에 동의할 수 있다.

헐~. 물리학자나 수학자도 아닌 일반인이 아인슈타인의 장방정식을 푸는 게 가능하다고? 그렇다. 이미 서울 한복판에서 이런 일이 일어났다. 일명 '아인슈타인 만들기 프로젝트'. 2009년의 일이다. 평범한 회사원, 주부, 수녀와 할머니에 이르기까지 수학이나 물리학과는 무관하게 살아온 사람들이 한 달에 한 번, 하루 다섯 시간씩 1년 만에 고등학교 수학 교과서에 나오는 집합부터 시작해서 대학 수학에서 배우는 선형대수학을 배우고는 물리학과 학생들이 배우는 고전물리학과 아인슈타인의 장방정식까지 나간 것이다.

이 황당해 보이는 프로젝트는 '백북스'라는 독서동호회와 당시 박사후연구원 신분이었던 물리학자 이종필 박사(현 건국대 상허교양대학 교수)의 합작품이다. 이 프로젝트가 끝난 지 거의 5년 만에 『이종필의 아주 특별한 상대성이론 강의』라는 제목으로 책이 출간된 것을 보면 결코 쉽지 않은 과정이었으리라고 짐작할 수 있다.

그런데 수학의 아름다움에 이끌려 주경야독하는 사람들이 있는가 하면 수학을 포기하는 '수포자' 중고생들이 늘어나고 있다. 이렇게 된 까닭은 분명하다. 수학이 너무 어렵다는 것이다. 2015년 수학 학업성취도 평가 결과 전국 일반고 1학년의 평균 점수는 50점 이하였다. 이런 상황에서 수포자가 속출하지 않는 게 오히려 이상하다.

교육과학기술부가 손을 놓고 있을 리가 없다. 교과부는 '수학교육과정 시안'을 내놓았다. 2018년부터 고교 1학년 학생들은 수학I과 수학II가 합쳐진 '통합 수학' 교과서로 공부하고 수업시간도 주당 5시간에서 4시간으로 줄어든다. 또 문과 계열 학생들은 미적분을, 이과 계열 학생들은 기하를 배우지 않아도 된다.

그런데 과연 학습량이 문제일까? 2016년 5월에 열린 '6개국 수학교육과정 국제 비교 컨퍼런스'에서 수학과는 무관한 사람인 서화숙 기자가 의미 있는 논평을 했다. 수학이 어려운 이유는 수학이 실제 언어생활과 분리된 용어를 쓰고 있기 때문이라는 것이다. 약수, 배수, 소인수분해, 무리수와 유리수……. 이런 개념을 우리가 쓰는 말로 바꾸거나 이해시키지 않기 때문에 수학이 암기과목이 되고 말았다는 지적이다. 철저하게 동의한다.

수학 때문에 아이들이 행복하지 않은 이유는 양이 많아서가 아니다. 학습량을 줄인다고 해도 아이들의 수학 스트레스와 공부 시간의 절대량은 결코 변하지 않을 것이다. 학습량이 줄어들고 내용이 쉬워져도 아이들을 성적으로 줄 세우는 현실은 그대로이기 때문이다. 어른들은 여전히 '변별성'을 요구하고, 그 요구는 일상의 말과는 상관없는 언어로 복잡하게 꼬인 문제의 출제로 이어지며, 그 문제를 풀기 위해 아이들은 여전히 사교육 시장으로 내몰릴 것이다.

2015년 여름, 박근혜 전 대통령은 강화도의 가뭄 피해 지역을 방문해 마른 논에 소방호스로 물을 뿌리는 모습을 보여주었다. 가뭄을 이겨내겠다는 의지를 보여주고 답답한 국민들의 가슴을 시원하게 뚫어주고 싶었을 것이다. 하지만 실패다. 경찰 살수차 3대, 군용차 2대, 소방차 2대로는 턱도 없었다. 참모진의 산수 실력이 모자라도 한참 모자랐다.

경지정리가 된 논의 면적은 보통 5,000평방미터다. 10센티미터 깊이로 물을 대려면 500입방미터, 즉 500톤의 물이 필요하다. 소방용 물탱크차량의 저수량은 보통 10톤이므로 50대의 소방차가 출동해야 한다. 갓 심은 모가 타는 게 안타까워서 뿌리라도 살짝 잠기도록 1센티미터 깊이로만 물을 대려고 해도 논 하나에 소방차 5대는 있어야 하고, 바짝 말라 갈라진 논 틈으로 스며드는 양까지 생각하면 최소한 10대 이상 동원해야 한다.

안드로메다은하에서 지구를 정찰하러 왔다가 지난 일요일에 몰래 강화도에 잠입한 외계인들이 있었다면 그들은 자신들이 관찰한 외계인(즉 지구인)에 대해 본국에 이렇게 보고하지 않았을까.

"지구에 살고 있는 외계인은 수학포기자인 것 같습니다."

# 믿음과 배움

새해를 맞아 동해에 아이들을 데리고 간 부모들은 말한다. "철수야, 저기 떠오르는 태양을 보아라." 그 어떤 부모도 "영희야, 동쪽을 향해 기울고 있는 수평선을 보아라"라고 말하지는 않는다.

우리 마음속에서 여전히 태양은 떠오르고 있다. 하지만 자신을 천동설주의자라고 생각하는 사람은 아무도 없다. 태양이 중심에 있고 지구를 비롯한 행성들이 그 주변을 돌고 있다는 사실을 잘 알고 있기 때문이다.

그런데 궁금하다. 그걸 어떻게 알지? 그걸 본 적이 있는가? 하늘 높은 곳으로 올라가서 태양계를 내려다보면서 행성의 움직임을 확인한 사람이 있는가 말이다. 없다. 그런데도 우리는 흔히 지동설은 과학이고 천동설은 비과학이라고 말한다. 정말로 천동설이 비과학적인 주장일까?

우리는 매일 태양이 뜨고 지는 것을 본다. 밤하늘을 보면 별들이 하루에 한 바퀴씩 북극성을 중심으로 돈다. 이것은 북극과 남극을 이은 축을 중심으로 돈다는 것과 같은 의미다. 우리의 감각은 분명히 지구는 가만히 있고 태양과 별이 하루에 한 바퀴 돈다는 것을 알려준다. 게다가 태양이 뜨고 지는 위치가 매일 조금씩 바뀌는데 다시 같은 위치에서 같은 방향으로 움직일 때까지 딱 1년이 걸린다. 이것은 태양이 지구를 중심으로 공전한다고 말해준다. 별과 태양의 운행을 보면 지구가 우주의 중심인 것 같다.

천동설을 주장한 옛사람들은 아주 정직한 관찰자였다. 그들은 관찰에 따라 해와 달과 행성 그리고 하늘의 모든 별들이 지구를 중심으로 완벽한 원운동을 하는 초기 우주 모형을 만들었다. 관찰에 따라 모형을 만들었으니 천동설은 과학적이다.

그러던 어느 날 초기 모델에 어긋나는 현상이 관찰되었다. 행성들이 일시적으로 운행의 방향을 거꾸로 바꾸더니 다시 원래 방향으로 움직이는 것이다. 즉 순행 후 역행하다가 다시 순행하는 일이 관찰되었다. 지구가 중심이라면 이런 일은 일어날 수 없다. 행성들은 항상 앞으로만 움직여야 한다.

고대의 과학자들은 고민에 빠졌다. 어이할꼬? 그들에게 기막힌 아이디어가 떠올랐다. 행성이 지구를 중심으로 돌기는 도는데, 작은 원을 그리면서 돈다는 것이다. 그것을 주전원이라고 한다. 주전원은 지구를 중심으로 하는 공전 궤도상에 중심을 둔 작은 원이다. 주전원을 그리면서 공전하면 역행하는 구간이 생기게 된다. 우주 초기 모형이 바뀌었다. 조금 복잡해지기는 했지만 여전히 지구가 중심이다. 관찰을 통해 초기 모형을 만들고 초기 모형으로 설명할 수 없는 새로운 사건이 관찰되자 초기 모형을 새로운 아이디어로 보완하고 수정한 것이다. 원래 과학은 이런 식으로 발전한다.

행성의 역행뿐만 아니라 크고 작은 결함이 잇달아 발견되었지만 큰 틀의 변화가 없는 작은 수정을 거듭하면서 천동설은 유지될 수 있었다. 그런데 갈릴레오가 등장했다. 1609년 갈릴레오는 망원경으로 하늘을 보았다. 그의 관찰은 아리스토텔레스 이래로 이어져오던 천동설이라는 세계관으로는 도저히 설명할 수 없는 것이었다. 2000년 동안 굳건하던 아리스토텔레스의 권위가 한순간에 무너졌다. 이때 과학은 획기적으로 변한다. 기존의 세계관을 버리고 새로운 세계관, 즉 지동설을 채택하였다. 과학에 혁명이 일어난 것이다.

천동설에서 지동설로 넘어간 과정에는 관찰하고, 관찰에 따른 모형을 만들고, 모형에 어긋나는 새로운 관찰을 하면 모형을 수정하고, 수정 모델로도 도저히 설명할 수 없는 현상이 나타나면 과감히 옛 생각을 버리고 새로운 혁신을 받아들이는 과학의 발전 방식이 고스란히 들어 있다. 천동설에서 지동설로 바뀌는 과정에는 과학의 모든 요소가 다 들어 있는 셈이다. 따라서 천동설은 과학이라고 봐야 한다. 그것도 아주 좋은 과학이다.

물론 천동설은 틀린 이야기다. 과학이란 옳고 그름을 가르는 게 아니다. 과학이란 '의심을 통해서 잠정적인 해답을 찾아가는 과정'이다. 코페르니쿠스와 갈릴레오의 지동설이라고 해서 완전히 옳은 이론은 아니다. 무수히 많은 수정을 거듭하고 있다. 현재의 우주 모델도 언젠가는 부인되고 전혀 새로운 모델이 나타날 것이다. 이야기가 멈추면 그것은 과학이 아니다.

이제 천동설주의자는 없다. 여전히 우리 눈은 태양이 지구를 도는 것처럼 보지만 뇌는 그게 아니고 지구가 태양을 도는 것이라고 끊임없이 알려주고 있기 때문이다. 그럼에도 불구하고 여전히 천동설주의자들은 우리 주변에 넘쳐난다. 다만 이 천동설의 중심에는 지구가 아니라 자신이 있다는 게 다를 뿐이다.

천동설주의자들은 가족, 직장, 공동체, 그리고 나라가 자기를 중심으로 돌아가야 한다고 믿는다. 자기 일정과 맞지 않으면 그 어떤 모임도 열려서는 안 된다. 권력과 이익이 있다면 그것은 내가 갖든지 내가 나눠줘야 한다. 나를 중심으로 돌지 않는 사람은 제거한다. 그래야 질서가 유지되기 때문이다.

천동설주의자들은 세상에서 일어나는 온갖 잘못된 일의 중심에는 자기가 아니라 다른 행성이 있다고 여긴다. 세상의 허물은 자신의 것이 아니라 그 행성의 것이다. 물에 빠진 아이들을 구하지 못했으니 해경을 해체해야 한다. 자신의 처지에는 자괴감이 들고 괴롭지만 자식을 잃은 부모가 당했던 그 참담함은 생각할 겨를이 없다. 심지어 세월호 참사가 일어난 해가 작년인지 재작년인지 가물가물하다.

천동설주의자가 존재할 수 있는 이유는 그가 우주의 중심이라고 믿는 사람이 있기 때문이다. 언론이 만들어준 이미지에 속는 사람이 있기 때문이다.『논어』에 이런 말씀이 나온다.

> "믿음을 좋아하고 배우기를 좋아하지 않으면 그 폐단은 남을 해롭게 한다(好信不好學, 其蔽也賊)."

천동설은 비록 틀렸지만 아주 좋은 과학이다. 하지만 천동설주의자는 사회의 폐단일 뿐이다.

# 우리는 물이다

우리는 기본적으로 물에 대한 호감도가 높다. 아마도 우리 몸이 물로 되어 있기 때문일 것이다. 체중의 70퍼센트 정도가 물이다. 어떻게 보면 우리는 맹탕이다. 물이 97퍼센트를 차지하는 수박에 비하면 훨씬 낫지만 말이다.

생명은 물로 이루어져 있다 보니 약할 수밖에 없다. 부딪히면 잘 터진다. 그런데 만약에 생명이 쇠로 되어 있다면 어떤 일이 벌어질까? 튼튼하고, 열과 전기가 잘 통할 것이다. 하지만 생명을 유지하는 데 필요한 화학반응은 일어날 수 없다. 우리 몸은 커다란 화학공장이다. 반응물들이 서로 만나서 반응하여 쪼개지고 합쳐지면서 덩달아 에너지도 발생한다. 반응물이 서로 만나려면 자유롭게 헤엄치거나 날아다닐 공간이 필요하다. 물이 딱 좋다.

반응물이 만난다고 해서 반응이 저절로 일어나는 것은 아니다. 수많은 남녀들이 만나지만 그들은 스스로 짝을 짓지 못하는 것과 같다. 누군가 기회를 만들어줘야 한다. 딱히 중매쟁이로 나서지 않더라도 누군가가 그 역할을 한다. 세포의 화학반응도 마찬가지다. 반응물 사이에도 중매쟁이가 있다. 단백질 효소가 바로 그것이다.

우리는 체온에 민감하다. 체온이 몇 도만 떨어져도 저체온증에 빠지고 체온이 몇 도만 올라가도 고열로 죽는다. 체온을 36.5도로 일정하게 유지하는 이유는 단 한 가지다. 바로 단백질 효소가 자유롭게 활동하는 온도이기 때문이다. 온도가 달라지면 단백질 효소가 활성을 잃는다.

중매쟁이는 남녀가 만나는 데는 도움을 주지만 그들이 자식을 낳는 과정에는 관여하지 않는다. 단백질 효소도 마찬가지다. 그들은 반응물들을 끌어당겨서 서로 맞잡게 하고는 떨어져 나간다. 그러고는 다른 반응물들을 또 찾아 나선다. 단백질 효소는 반응을 도와주기만 하는 것이다. 이 역할을 잘하는 까닭은 반응물과 쉽게 붙었다가 쉽게 떨어질 수 있기 때문이다. 마치 포스트잇처럼 말이다.

단백질 효소가 포스트잇처럼 작용하는 데 물이 결정적인 역할을 한다. 물은 산소 원자 하나와 수소 원자 두 개로 구성되어 있다. 물 분자는 전기적으로 중성이지만 물 분자 안에서 산소는 전기적으로 음성이고 수소는 양성이다. 그래서 물 분자의 산소는 단백질 효소의 수소와 포스트잇 결합을 할 수 있다. 또 물 분자의 수소는 단백질 효소의 산소나 질소와 포스트잇 결합을 한다. 이 포스트잇 결합을 생화학에서는 '수소결합'이라고 한다.

단백질 효소의 작용들이 모여서 생명 현상을 이룬다.

단백질 효소의 작용은 물에서만 가능하다. 따라서 물이 생명의 대부분을 차지하는 것은 당연하다. NASA의 과학자들이 화성에서 물을 열심히 찾고 있는 이유는 물이 있어야만 생명이 존재할 수 있기 때문이다. 생명은 물이다. 그렇다고 해서 물이 생명인 것은 아니다.

이런 물을 가지고 장난치는 사람들이 있다. 일본의 대체의학자 에모토 마사루도 그중 한 명이다. 그가 쓴『물은 답을 알고 있다』에는 다양한 얼음 결정 사진이 나온다. 그는 물을 영하 20도의 냉장고에 3시간쯤 넣어둔 후 얼음의 결정구조를 관찰했다. 클래식 음악을 들려주거나 '사랑', '감사'처럼 긍정적인 단어를 보여준 물의 결정은 아름다운 모습을 띠었고 반대로 헤비메탈 음악을 들려주거나 '망할 놈' 같은 부정적인 단어를 보여준 물의 얼음 결정은 대칭성이 깨져 있었다고 한다.

사람들은 열광했다. 아름다운 결정 사진도 한몫했지만 무엇보다도 사랑과 감사의 소중함을 일깨우는 메시지에 감동했다. 하지만 전부 거짓이었다. 그 누구도 그 현상을 재현하지 못했다. 어떻게 가능하겠는가? 물은 그냥 분자인데 말이다.

물을 가지고 장난치는 건 그래도 낫다. 속는 사람이 바보다. 그런데 시민을 맹탕으로 보고 우습게 취급하면 참기 힘들다. 검찰의 수사에 성실히 임하고 특검도 받아들이겠다던 대통령은 언론에 나타날 때마다 거짓말이다. 법원이 발급

한 수색영장을 무시한다. 심지어 대면조사일이 공개되었다는 이유로 특검의 대면조사를 거부한다. 한편에서는 헌재를 무력화하려는 잔꾀를 부린다. 시민들을 협박한다. 청와대가 하는 꼴을 보면 시민과 법을 물로 보는 듯하다.

인정한다. 우리는 물이다. 맹탕처럼 보인다. 하지만 물을 우습게 보면 안 된다. 각각의 포스트잇 결합은 보잘것없지만 그 힘들이 모여서 거대한 생명체를 이룬다. 물은 쇠도 자를 수 있다.

# 낙타는 왜 사막으로 갔을까

두툼한 입술, 요염한 콧구멍, 그리고 슬픔에 잠긴 듯한 눈망울을 가진 낙타의 고향은 놀랍게도 북아메리카다. 공룡이 멸종하고 2,000만 년이 지난 후인 4,500만 년 전 낙타의 먼 조상이 북아메리카에 등장했다. 처음엔 토끼만 한 크기의 동물이었다. 1,000만 년이 지나자 염소만 한 크기로 성장했다. 이들은 계속 북아메리카에서만 살았다.

하지만 고향에서의 삶이 그리 녹록하지만은 않았다. 몸집이 커다란 동물들이 많이 등장했기 때문이다. 경쟁에서 이기려면 몸집을 더 키워야 했다. 340만 년 전에는 덩치가 요즘 낙타보다 30퍼센트나 더 커졌다. 발에서 어깨까지 높이가 2.7미터나 되었다. 하지만 거기까지였다. 몸집을 더 키우는 데는 실패했다. 이제 남은 길은 두 가지뿐이다. 몸집을 줄여서 납작하게 엎드려 살든지 아니면 미련 없이 보금자리를 떠나든지.

낙타는 추운 북쪽 지방으로 점점 밀려났다. 추운 지역에 살기 좋게 굵은 털이 몸을 덮었고 발바닥은 넓적해져서 눈에 잘 빠지지 않았다. 또 등에 혹을 만들어서 지방을 갈무리했다. 낙타는 혹 속의 지방을 분해해서 양분으로 쓴다. 이때 지방이 공기 중의 산소와 반응해서 물을 만든다. 그러나 몸을 바꾸어도 살 수 있는 터전은 점차 좁아졌다.

때마침 180만 년 전 빙하기가 시작되었다. 빙하기의 영향으로 알래스카와 시베리아 사이의 베링해협이 육지로 연결되자 낙타는 북아메리카를 벗어나 시베리아를 거쳐 아시아로 이동했다. 빙하기가 끝난 후 북아메리카에는 단 한 마리의 낙타도 남지 않은 것을 보면 참으로 탁월한 선택이었다.

아시아로 이동한 낙타는 두 종류로 분화되었다. 단봉낙타는 중동을 거쳐 아프리카에 정착했고, 아시아 초원에 머문 낙타는 쌍봉낙타로 진화했다. 북아메리카를 탈출했지만 아시아와 아프리카라고 해서 만만하지는 않았다. 결국 낙타들은 포식자들이 더 이상 쫓아올 수 없는 사막을 선택했다.

추운 숲에 적응한 몸은 사막에도 안성맞춤이었다. 두꺼운 털은 햇볕을 반사하고 뜨거운 사막 모래에서 올라오는 열을 차단했다. 단봉낙타의 넓고 평평한 발바닥은 모래 속에 빠지는 것을 막아주었다. 그리고 등에 달린 혹은 사막에서도 양분과 물의 저장소 역할을 했다.

낙타는 천신만고 끝에 마침내 전 세계 아이들의 사랑을 받는 동물이 되었다. 나도 고비사막에서 쌍봉낙타를 껴안고 사진을 찍고 낙타젖 치즈를 사흘 내내 먹었다. 지금 생각하면 사려 깊지 못한 행동이었음을 고백한다. 영화 〈쥬라기 공원〉 속 티라노사우루스 포효 소리의 실제 주인공인 고비사막의 쌍봉낙타를 만나자 흥분해서 저지른 일이었다.

이렇게 사랑스러운 낙타가 멀리해야 하는 대상이 되었다. 바로 메르스 때문이었다. 메르스가 퍼지자 당국은 낙타를 멀리하고 낙타젖을 먹지 말라는 가정통신문을 보냈다. 덕분에 서울대공원의 단봉낙타와 쌍봉낙타가 4일 동안 자택격리되기도 했다. 이 낙타들은 중동에 가본 적도 없지만 사람들을 안심시키기 위해서는 어쩔 수 없는 일이었다. 그 영향인지 서대문자연사박물관에도 혹시 낙타가 있느냐는 문의 전화가 왔다. 없다. 있어도 죽은 지 오래된 박제일 뿐인데 그걸 왜 걱정한단 말인가. 도대체 메르스 바이러스를 가지고 있을 만한 낙타를 가까이하거나 익히지 않은 낙타젖을 먹을 수 있는 곳이 우리나라 어디에 있기나 한지 알고 싶다.

이런 어처구니없는 일이 일어난 까닭이 뭘까? 전염병, 특히 새로운 전염병은 모든 수단을 동원해서 초기에 막아야 한다는 것은 상식이다. 이때 기본은 정보를 투명하게 공개하는 것이다. 투명한 정보가 없으면 괴담이 퍼지는 법이다. 그런데 전염병을 통제할 컨트롤타워가 없었다. 청와대는 자기네가 메르스 사태의 컨트롤타워가 아니라고 친절하게 발표했다. 굳이 발표하지 않아도 시민들은 이미 알고 있었다. 세월호 침몰 사고 때 청와대 스스로 컨트롤타워가 아니라고 당당하게 발표하던 장면을 우리는 똑똑히 기억하고 있다.

땡볕에 쉴 만한 그늘도 없을 때 낙타는 오히려 얼굴을

햇볕 쪽으로 마주 향한다. 『낙타는 왜 사막으로 갔을까』의 저자 최형선은 그 이유를 햇볕을 피하려 등을 돌리면 몸통의 넓은 부위가 뜨거워져 화끈거리지만 마주 보면 얼굴은 햇볕을 받더라도 몸통 부위에는 그늘이 만들어져서 어려움이 오히려 줄어들기 때문이라고 설명한다. 지도자가 최소한 낙타 정도의 지혜와 책임감을 갖추기를 기대하는 것이 그리 대단한 일일까?

# 염병을 박멸하려면

별것도 아닌 놈이다. 일단 다리가 여섯 개인 것으로 보아 곤충인 것은 맞다. 그런데 곤충의 특징은 '머리-가슴-배'라는 몸 구조인데 딱히 어디가 가슴이라고 해야 할지 모호할 정도로 가슴이 불분명하다. 날개는 없다. 납작하고 아주 작아서 눈에 잘 보이지도 않는다. 숨을 쉬는 기문은 배 쪽에 있지 않고 등 쪽에 있다. 입은 찌르기 좋게 생겼다. 모양만 봐도 어딘가에 딱 달라붙어서 남의 피를 빨아먹는 기생생물이다. 그렇다. 이름만은 왠지 숭고해 보이는 그놈. 바로 '이'다.

이는 피만 빨아먹는 놈이다. 그 작은 놈이 빨아먹어야 얼마나 빨아먹겠는가? 사실 모든 기생충이 다 그렇다. 회충 한 마리가 우리 장 속에서 먹어야 얼마나 먹겠는가? 기껏해야 하루에 밥알 하나 정도 먹으면 그만이다. 파리가 먹어야 얼마나 먹겠다고 밥 먹을 때 파리를 쫓겠는가? 문제는 빨아먹는 게 아니라 남기는 것이다. 이와 파리는 균을 남긴다.

이가 피를 빨아먹고 나면 병이 생긴다. 병의 종류도 불면증을 비롯하여 아주 다양한데 가장 심각한 것은 발진티푸스다. 제1차 세계대전 때 러시아에서만 250만 명이 발진티푸스로 죽었다.

발진티푸스보다 더 무서운 티푸스가 있다. 바로 장티푸스다. 장 속에 이가 살 리는 없다. 똥과 오줌에 오염된 물로 옮겨지는 수인성 전염병인데 살모넬라 타이피가 원인 균이다. 감염 후 1~2주가 지나서야 고열과 복통 같은 증상이 나타난다. 어린 아이는 설사를 하는데 성인은 변비가 생긴다.

우리 몸에는 면역을 담당하는 대식세포(大食細胞)가 있다. 장티푸스균을 발견한 대식세포는 장티푸스균을 잡아먹는다. 그런데 장티푸스균은 대식세포 안에서도 산다. 대식세포와 함께 혈관을 여행하면서 온몸으로 퍼진다. 감염 후 3주가 되면 장에 구멍이 뚫리고 출혈이 일어난다. 체온이 급격히 떨어지고 맥박이 빨라진다. 한 달이 되도록 관리가 되지 않으면 죽을 수도 있다. 치사율이 25퍼센트에 이른다.

장티푸스에 대한 기록은 『삼국사기』에도 나온다. 고려와 조선시대에도 크게 유행했다. 1524년(중종 19년)에도 대유행이 있었다. 당시 궁궐 의녀였던 (드라마의 주인공이었던 바로 그) 장금이도 궁궐에서 장티푸스 때문에 애 좀 썼을 것이다. 당시에는 염병이라고 불렀다. 전염병에서 앞에 붙은 '전'만 뗀 말이다.

다행히도 발진티푸스와는 달리 장티푸스에는 백신이 있다. 이 글을 읽고 있는 독자들은 어린 시절에 이미 백신을 맞은 적이 있을 것이다. 그런데 소아마비 백신처럼 한 번 맞고 끝나는 게 아니라 5년마다 재접종을 받아야 한다. '나는 재접종 받지 않고도 잘 살고 있는데?'라고 생각하시는 분들은 다른 사람들이 접종 받은 덕분에 형성된 안전구역에 무임승차를 하신 것이다. 재접종 받지 않은 분들이 많다 보니 우리나라에서는 아직도 매년 200명 정도의 환자가 발생한다. 2001년에는 무려 401명이 장티푸스를 앓았다.

장티푸스, 그러니까 염병 예방주사는 5월에 맞는다. 여름 전염병이기 때문이다. 그런데 한겨울에 염병이 모든 언론을 장악한 적이 있었다. 지난 1월 25일 오전 11시 16분쯤 염병이라는 말이 전국으로 생방송되었기 때문이다. 특검 사무실 앞에서 국정농단의 주역 최순실 씨가 외쳤다.

"여기는 더 이상 민주주의 특검이 아닙니다. 어린애와 손자까지 멸망시키겠다고 그러고 (중략) 그리고 박 대통령 공동책임을 밝히라고 자백을 강요하고 있어요. 이것은 너무 억울해요."

마치 대학 시절 민주화 운동에 앞장섰다가 재판정에 선 친구를 보는 듯했다. 그 당당함이라니……. 친구의 외침에는 가슴이 떨렸지만, 최순실 씨의 외침에는 치가 떨렸다. 나만 그런 게 아니었나 보다. 현장에 있던 청소원 아주머니가 맞서서 외치셨다.

"염병하네(×3)."

티푸스는 막기 어려운 병이다. 발진티푸스를 막으려면 참빗질을 어지간히 해서는 안 된다. 나중에 단 한 마리도 나오지 않을 때까지 빗어야 한다. 어중간하게 하다 말면 이는 다시 머릿속에서 금방 창궐하기 때문이다. 철저히 해서 이를 박멸해야 한다. 말 그대로 "이 잡듯이 뒤져야 한다."

염병을 막으려면 온 국민이 5년에 한 번은 꼭 예방주사를 맞아야 한다. 매년 5월쯤 보건소에 가면 공짜로 접종 받을 수 있다. 사회에서 일어나는 염병도 마찬가지다. 원인 균을 박멸해야 한다. 잊지 마시라. 5년에 한 번이다.

# 견마지로

"하늘은 높고 말은 살찐다."

이 말을 들을 때마다 나는 살찐 말이 유유히 풀을 뜯는 한가롭고 평화로운 풍경을 떠올렸다. 하지만 동양과학사 연구가인 김태호 교수는 『삼국지 사이언스』에서 다른 이야기를 한다. '천고마비'라는 사자성어에서 살이 찌는 말은 땅에 붙박여 농사를 짓고 사는 한족의 말이 아니라 유목생활을 하는 북방민족의 말이다. 가을은 유목민족들이 살이 오른 말을 몰고서 농경민족의 영토로 쳐들어오기 시작하는 계절이다. 따라서 '천고마비'라는 말은 평화와는 거리가 멀고, 농경민족들에게는 오히려 일종의 공습경보라고 할 수 있다.

농경민족이라고 해서 말을 키우지 않은 것은 아니다. 다만 말을 어떻게 타느냐가 문제일 뿐. 늘 말을 타는 유목민족은 말을 자유자재로 다룬다. 그 정도 솜씨가 없는 농경민족은 말에 직접 타는 대신 수레를 달아 전차를 만들었다. 그런데 전차와 기병을 비교하면 전차가 여러모로 불리하다. 네 마리의 말이 끄는 전차에 병사 두세 명이 타고, 그중에서도 말몰이꾼은 전투에 참여하지 못한다. 수레가 무거워 말도 빨리 달리지 못하고 방향전환도 어렵다.

말을 탈 때는 등자(발걸이)에 발을 걸고 안장에 오른다. 영화와 드라마에서 흔히 보는 장면이라 그런지 우리는 마치 등자가 말과 한 세트로 존재하는 것처럼 여긴다. 하지만 등자는 3세기 후반에야 발명되었다. 『삼국지』 이야기가 끝날 무렵의 일이다. 유비, 관우, 장비, 조자룡, 동탁 같은 삼국지의 영웅들은 말에서 떨어지지 않기 위해서 말갈기를 꼭 붙잡고 두 다리로 말 등을 힘껏 조이고 있어야 했다.

그런데 왜 등자가 중요할까? 바로 무게중심 때문이다. 등자 없이 말을 타려면 허벅지로 말 등을 단단히 조여야 한다. 무게중심이 허벅지 아래로 내려갈 수 없으므로 불안정하다. 하지만 등자에 발을 걸고 탈 경우, 체중을 두 발에 실을 수 있으므로 무게중심이 발로 내려갈 수 있다. 무게중심이 아래로 내려가면 양옆에서 미는 힘에도 잘 견딜 수 있어서 말을 탄 채 칼이나 창을 들고 격렬한 싸움을 할 수 있다.

견마지로(犬馬之勞)라는 말이 있다. 개나 말처럼 온힘을 다해서 충성하겠다는 의미다. 어감이 썩 좋지는 않다. 민족문제연구소가 2009년에 밝힌 자료에 따르면 문경에서 교사로 재직 중이던 어떤 교사가 만주국 육군군관학교에 지원했지만 연령 초과로 불합격 통지를 받자 다시 지원할 때 쓴 문구라고 한다. 때는 1939년으로 우리나라가 일본에게 강제로 지배당하던 시절이었다. 20여 년 후 그는 대한민국의 대통령이 되어 조국의 경제를 압축성장시키는 데 성공했다.

견마지로는 사람이나 할 수 있는 짓이지 말은 그렇게 하지 못한다. 힘은 세지만 주의가 산만하기 때문이다. 말은 초식동물이다. 먹이사슬에서 육식동물의 아래에 있는 초식동물의 기본은 바로 경계다. 시각, 청각, 후각 등 온갖 감각을 동원하여 포식자의 동태를 살펴야 한다. 넓은 시야가 필요하다. 말도 그렇다. 눈이 얼굴의 옆면에 달린 말은 시야가 350도나 된다.

말이 넓게 보는 것은 자연의 이치다. 하지만 사람들은 말의 시야를 좁히기 위해 눈가리개를 붙였다. 양쪽 눈 뒤쪽에 가죽이나 고무로 만든 눈가리개를 붙여서 오직 앞만 보게 만들었다. 소리에 민감한 말에게는 귀마개까지 씌운다. 오직 말몰이꾼의 명령에만 집중하게 한 것이다. 말의 입장에서 보면 한심한 일이지만 사람의 입장에서는 아주 좋은 장치이다. 말이 주위에 정신을 빼앗기지 않고 두려움 없이 앞으로 전진, 전진, 또 전진하게 하니 말이다.

지금은 민주주의 시대다. 왕이 백성을 말처럼 부리는 시대가 아니다. 오히려 국민의 뜻을 지도자가 말처럼 수행해야 하는 시대다. 이때 말에게는 넓은 시야가 필요하다. 먼 미래를 바라보는 비전도 있어야 하고, 주변국의 정세에 민감해야 하며, 자신이 선출한 지도자를 뒤에서 바라보고 있는 국민들의 뜻과 바람도 알아야 한다. 그에게는 단 몇 명이 아니라 5천만이라는 말몰이꾼이 있다. 마치 눈가리개를 한 경주

마처럼 앞만 보고 달려서는 안 된다. 눈과 코와 귀를 다 열어야 한다. 눈가리개와 귀가리개를 벗어야 한다.

# 품위 있는 죽음

현대 의학은 생명을 연장하고 질병을 공격적으로 치료하는 데 집중해왔다. 정작 길어진 노년의 삶과 노환 그리고 죽음에 이르는 과정에 대해서는 별다른 관심을 기울이지 않았다. 그런데 이제 사람들은 누구나 마지막 순간까지 존엄하게, 인간답게 살다가 죽음을 맞이하고 싶어 한다. 어떻게 해야 할까?

윤리학과 철학 그리고 의학을 공부한 뒤 현재 하버드 의과대와 보건대 교수이자 여성병원 의사로 활동 중인 아툴 가완디는 『어떻게 죽을 것인가(Being Mortal)』에서 “결국 죽을 수밖에 없다는 현실을 인정하는 데서부터 시작해야 한다”고 말한다.

> 당시 나는 라자로프의 선택이 잘못됐다고 믿었고 지금도 그 생각에는 변함이 없다. 수술에 따르는 위험 때문이 아니라 수술을 받아도 그가 원하는 삶을 되찾을 확률이 없었기 때문이다. 배변 능력, 활력 등 병이 악화되기 전

에 누렸던 생활을 다시 찾을 수 있는 수술이 아니었다. 길고도 끔찍한 죽음을 경험할 위험을 무릅쓰고 그가 추구한 것은 환상에 지나지 않았다. 그리고 결국 그는 그런 죽음을 맞이했다.

환자 라자로프는 그래도 의식이 있고 말도 할 수 있는 상태였다. 그는 스스로 연명치료를 요구했다. 연명치료란 말 그대로 목숨을 연장하도록 도와주는 치료다. 심각한 사고든 질병의 결과이든 산소호흡기와 같은 보조 장비가 없으면 스스로 생명을 유지할 수 없는 환자의 맥박을 이어가게 하는 처치를 말하는 것이다.

사지마비가 오면 24시간 간호, 산소 흡입기, 영양 공급관이 필요해질 것이다. 아버지는 그걸 원하지 않는 것 같다고 내가 말했다. "절대 안 되지, 그냥 죽는 게 낫다." 아버지의 대답이었다. 그날 나는 내 평생 가장 어려운 질문들을 아버지에게 던졌다. 커다란 두려움을 안고 하나하나 물었던 기억이 난다. 무엇을 두려워했는지는 모르겠다. 아버지나 어머니의 분노, 혹은 우울, 아니면 그런 질문을 함으로써 뭔가 그분들의 기대를 저버리는 것 아닐까 하는 두려움이었는지도 모른다. 하지만 이야기를 나눈 후, 우리는 안도감이 들었고 뭔가 명확해졌다는 걸 느꼈다.

나는 장인어른과 장모님을 모셨다. 장인어른은 집에서, 장모님은 종합병원 중환자실의 특별격리실에서. 하필 의료계가 전국적인(!) 동시(!) 파업을 일으켰을 때 뇌중풍으로 쓰러진 장모님은 적시에 적절한 치료를 받지 못했다. 이후 수년간 병원을 전전하셨고 결국에는 수개월 동안이나 중환자실에 격리되어야 했다. 어느 날 의사가 지나가는 소리처럼 슬쩍 말했다.

"저렇게 모시고 있는 게 효도가 아닙니다. 어머니에게도 존엄성이 있습니다. 품위 있게 돌아가실 권리가 있지요."

내가 사위가 아니라 맏아들이었다면 장모님에 대한 연명치료를 중단했을 것이고, 우리는 차분하게 장모님의 죽음을 받아들일 수 있었을 것이다. 연명치료에도 불구하고 신부전으로 죽음은 갑작스럽게 닥쳐왔고 온 가족은 패닉에 빠졌으며 가엾은 레지던트 선생님은 악다구니를 들어야 했다.

의학은 아주 작은 영역에 초점을 맞춘다. 의료 전문가들은 마음과 영혼을 유지하는 게 아니라 신체적인 건강을 복구하는 데 집중한다. 그럼에도 우리는—바로 이 부분이 고통스러운 역설을 만들어내는데—삶이 기울어가는 마지막 단계에 우리가 어떻게 살 것인지를 결정할 권한을 의료 전문가들에게 맡겨버렸다. 반세기 넘는 세월 동안 질병, 노화, 죽음에 따르는 여러 가지 시련은 의학적인 관심사로 다뤄져왔다. 인간의 욕구에 대한 깊은 이해보다 기술적인 전문성에 더 가치를 두는 사람들에게 우리 운명을 맡기는, 일종의 사회공학적 실험이었다. 그 실험은 실패로 끝났다.

〈타임〉지가 선정한 '세계에서 가장 영향력 있는 사상가' 중 한 명인 아툴 가완디는 나이 들어 병드는 과정에 적어도 두 가지 용기가 필요하다고 말한다. 하나는 삶에 끝이 있다는 현실을 받아들이는 용기이며 다른 하나는 우리가 찾아낸 진실을 토대로 행동을 취할 수 있는 용기다. 이때 우리는 두려움과 희망 중 어느 것이 더 중요한지 판단해야 한다. 끝까지 질병과 승산 없는 싸움을 벌이며 연명치료에 매달리는 것은 죽음에 대한 두려움 때문일 것이다. 하지만 죽음은 두려운 것이 아니라 생명 있는 존재가 필연적으로 맞이해야 하는 운명이라는 것을 인정하게 되면 우리는 무엇을 희망할 수 있을지 알게 된다. 그것은 삶에 대한 희망이다.

2016년 회생 가능성이 없는 환자가 품위 있게 죽음을 맞을 수 있도록 허용하는 웰다잉법이 국회를 통과했으며 2018년부터 본격 시행된다. 1997년 서울 보라매병원에서 퇴원한 환자가 사망한 뒤 가족과 의사들이 살인죄 등으로 기소되면서 '존엄한 죽음'에 대한 논의가 시작된 지 18년 만의 일이다.

백남기 농민의 사인을 '병사'로 기재한 것에 대한 비판이 거세지자 서울대병원 측은 공식적으로는 '외인사'라고 밝혔다. 그러면서도 주치의가 병사로 고집한다면 사망진단서를 고칠 수 없다는 입장을 내놓았다. 주치의 백선하 교수는 가족이 연명치료를 거절했기 때문에 병사라고밖에 할 수 없다고 주장한다. 그러면서도 자신은 진정성이 있다고 말한다. 이완용과 전두환은 진정성이 없었겠는가. 의사에게 필요한 것은 진정성이 아니라 정확한 진단이다.

백남기 농민은 돌아가셨다. 그의 죽음을 우리는 담담하게 받아들인다. 그러나 그가 죽음에 이르렀던 과정은 반드시 밝혀야 한다. 그것이 백남기 농민의 삶과 죽음을 존엄하게 만드는 길이다. 지금 필요한 것은 부검이 아니라 그를 죽음에 이르게 한 사람들을 수사하고 그에 따른 책임을 지게 하는 것이다.

( 3부 )

# 안다고 그래<br>과학자들이 뭘

# 사람들은 왜 이상한 것을 믿을까?



사람들은 별 희한한 것들을 다 믿는다. 우리 엄마는 12층에 사신다. 어느 날 엄마 집에 갔더니 안방의 침대가 대각선으로 놓여 있었다.

"엄마, 침대를 왜 이렇게 놔두셨어요?"

"아니 글쎄, 안방에 수맥이 흐르지 않니. 수맥 피하느라고 이렇게 놔뒀어."

"12층인데 무슨 수맥이요. 저 아래 수맥이 흐르는 걸 어떻게 아셨어요?"

우리 엄마는 동주민센터에서 운영하는 문화강좌에서 수맥탐지를 배우셨고 꽤 고가의 수맥탐지봉을 구입해서 수맥을 찾으셨다. 엄마에게 이런저런 설명을 해드리고 침대를 똑바로 놓자고 말씀드렸으나 돌아온 대답은 이러하다.

"으이그, 니네 과학자들이 뭘 안다고 그래. 그냥 놔둬!"

세상 사람들은 별 이상한 것들을 다 믿는다. 버뮤다 삼각지대, 폴터가이스트, 바이오리듬, 창조과학, 공중부양, 염력, 초능력 탐정, UFO, 원격투시, 사후의 생, 임사체험, 영매,

피라미드파워, 흉가, 영구 동력 기관 등 헤아릴 수 없을 정도로 많다.

과학자들의 스토리텔링 능력이 한참 딸리는지 처음 본 수맥탐지봉 장사꾼의 이야기를 더 신뢰한다. 우리 엄마도 (아들을 제외한) 다른 사람들 말을 참 잘 믿는다. 기적, 괴물, 신비를 믿는 대부분의 사람은 광신자가 아니라 정상적인 사람들이다. 심지어 마음도 착한 분들이다.

이상한 것들을 잘 믿는 착한 분들은 아이에게 착한 마음씨와 말씨가 얼마나 중요한지를 알려주기 위해 일본인 에모토 마사루가 쓴 『물은 답을 알고 있다』를 읽어주기도 한다.

이 책이 처음 나왔을 때가 2003년이다. 거의 모든 신문들에 찬사 섞인 서평이 실렸을 때 오직 한 신문에 뇌과학자 정재승 교수의 삐딱한 서평이 실렸다. 그 서평은 이렇게 끝을 맺는다.

> "'사랑과 감사'의 소중함을 일깨워주는 이 책의 메시지는 좋다. 그러나 그것을 뒷받침하고 있는 근거가 조작된 것이고 해석 또한 엉터리라면, 그것은 굉장히 위험한 일이다. 만약 이 책의 내용이 사실이라면, 저자는 각국의 신과학 지지 모임에만 참석하지 말고 연구 결과를 저명한 과학저널에 제출해 심사받기를 권한다. 그럴 자신이 없다면, 이 책은 근래에 나온 최악의 '과학' 도서가 될 것이다."

지금에 와서 돌이켜보면 그 책은 1993년에 나온 『식물의 정신세계』 이후 내가 본 최악의 '과학' 도서였다. 앞으로도 이런 책이 나오기는 쉽지 않을 것이다.

세월호가 3년 만에 바다 위로 올라온 날 원주의 하늘에 리본 모양의 노란 구름이 생겨서 화제가 되었다. 그러자 리본 구름의 정체에 대한 다양한 해석이 쏟아져나왔다. 물론 가장 쉬운 해석은 비행운(contrail). 하지만 과학자들은 수학적인 계산을 근거로 비행기로는 생길 수 없는 궤적이라는 의견을 제시했다. 공군도 그 시간에 비행하지 않았다고 발표했다.

그런데 난데없이 구름이 아니라 켐트레일(chemtrail)이라는 주장이 SNS 상에서 퍼져나갔다. 그들은 우리가 비행운이라고 부르는 것들은 사실 구름이 아니라 유해 화학물질을 살포한 흔적이라고 주장한다. 우리에게 여태 알려지지 않은 이유는 절대 다수의 대중을 대상으로 하는 비밀실험이기 때문이다. 비밀실험의 목적은 약물의 효능을 대규모로 시험하거나 빈곤국의 인구수를 효율적으로 조절하기 위해서라고 한다. 분쟁지역에서 사용하는 비밀화학병기라는 주장도 섞여 있다.

살포한 화학물질이 왜 하늘에 구름 모양으로 남아 있으며 그게 세상 사람들에게 어떤 영향을 미칠 수 있단 말인가? 그리고 비행운과 건강 사이에 어떤 상관관계가 있기나 하겠는가? 당연히 학계에서 공론화되거나 검증된 적이 없다. 미스터리 추종자들 사이의 '카더라' 통신일 뿐이다. 전형적인 음모론이다. 그런데 이런 음모론은 잘 퍼져나간다.

세월호 리본 모양 구름이 생긴 이유에 대해 과학자들은 아직 답을 내놓을 만큼 충분한 데이터를 가지고 있지 않다. 뭐라고 할 말이 없다. 다만 구름을 보고 다시 한번 세월호 희생자에 대한 추모의 마음을 가슴에 품었을 뿐이다.

사람들은 왜 이상한 것을 믿는가? 의심하지 않기 때문이다. 의심은 진실로 가는 첫걸음이다.

# 복막염의 추억



1989년의 일이다. 야학에서 수업을 하는데 배가 너무 아팠다. 병원에 가야 할 정도였다. 하지만 수업을 대신할 교사가 없었다. 일단 바로 앞에 있는 약국에 갔다. 내 증상을 들은 약사가 물었다.

"오늘 점심 뭐 먹었어요?"

"카레라이스 먹었습니다."

"카레 먹고 체한 거네."

약사는 약을 지어주었다. 카레는 내가 제일 좋아하는 음식이다. 그걸 먹고 체할 리가 없지 않은가! 하지만 난 일단 전문가의 말을 믿기로 했다.

밤새도록 배가 아팠다. 땀이 뻘뻘 나고 죽을 것 같았다. 이번에는 동네 병원에 갔다. 술기운이 있어 보이는 의사선생님이 물었다.

"술 좋아해요?"

"네, 아주 좋아합니다."

"대장염이네요."

주사를 놓고 약을 처방해주었다. 술 마신 지 6년이 넘었지만 이런 적은 없었다. 하지만 전문가의 말을 안 믿으면 누구 말을 믿는단 말인가!

또 하루가 지났다. 추석 전날이라 온 가족이 모여 차례상을 준비했는데 전을 부치기는커녕 내 한 몸 간수할 수도 없었다. 택시를 타고 큰 병원에 갔다. 내과 의사는 내 얼굴을 보더니 왼쪽 배를 두드렸다. 뱃속에서 지진이 난 것처럼 두뇌마저 흔들렸다. 내과 의사는 내 얼굴은 쳐다보지도 않고 간호사에게 말했다.

"외과 과장에게 복막염 환자 있다고 알려주고 얼른 마취과 의사에게 연락해요."

그러고는 추석 쇠러 고향 간다며 가버렸다. 외과 의사가 왔지만 나는 말할 힘도 없었다. 간호사에게 겨우 집 전화번호를 알려주고 쓰러졌다. 수술 후 새까맣게 썩어 있는 내장 한 쪽을 보았다. 어쨌든 나는 살았다.

병문안을 온 친구와 친지들에게 한마디씩 들었다. 어떻게 약사 말을 믿느냐, 배가 그렇게 아프면서 왜 동네 병원에 갈 생각을 했느냐는 핀잔이었다. 그런데 나는 전문가에게 간 것이다.

많은 환자들이 의사 말을 듣지 않으려고 한다. 장모님은 뇌졸중으로 오랜 세월 동안 병원 신세를 지셨다. 병실의 다른 환자와 환자 가족들은 의사가 처방한 약 말고도 온갖 처방을 갖고 있었다. 병원에 입원해서 매일 의사의 진료를 받으면서도 약은 바깥에서 각자 구해온 이상한 것들을 먹는 분들도 계셨다. 나는 당뇨병 환자다. 보건소 의사가 처방한 약을 먹는다고 이야기하면 친구들은 온갖 약재를 권한다. 내가 의사가 처방한 약만 먹겠다고 하면 다들 혀를 끌끌 찬다. 모두가 의사 노릇하려고 한다.

나는 뭘 먹고 병을 고쳤다는 사람을 직접 만나도 그 사람 말 안 믿는다. 왜? 그 사람은 전문가가 아니기 때문이다. 당뇨병 치료를 위해서는 매달 서대문보건소에 가서 처방을 받고 치아와 관련해서는 일산참좋은치과에 가고 어깨나 무릎이 결리면 대명한의원에서 침을 맞고 뜸을 뜬다. 그런데 자연과학을 공부한 사람도 전문가의 말을 따르는 게 쉬운 일이 아니다.

"뭐? 생화학자가 무슨 침이야?"

동창회에서 침 맞은 이야기를 했더니 모교에서 교수로 있는 동기가 어이없다면서 침이 치료효과를 내는 생화학적 메커니즘이 뭐냐고 묻는다. 모른다. 그런데 침을 맞으면 적어도 내게는 엄청나게 큰 효과가 있고 지금도 어깨 때문에 침을 맞고픈 심정이다.

2016년 7월, 대법원은 치과 의사도 보톡스 시술을 할 수 있다고 최종 판결을 내렸다. 아마도 대법원은 보톡스 시술이 별로 위험하지 않다고 판단한 것 같다. 그러면서도 대법원은 한편으로는 이번 판결이 얼굴 전체에 적용되는 것은 아니라고 밝혔다. 어쩌라고? 치과 의사가 보톡스 수술을 해도 되는

데 정확히 어디까지라는 말은 안 한 것이다. 이번 대법원 판결로 법적인 불명확성은 더 커졌다. 앞으로 소송이 줄을 이을 것은 뻔하다.

이 판결에 대해 치과 의사들은 전반적으로 환영하는 분위기이고, 피부과 의사들은 엄청나게 반발하는 것은 당연한 일이다. 그렇다면 환자의 입장에서는 어떨까? 환자의 선택권이 넓어졌다는 의견이 있다. 똑같은 시술을 피부과에서도, 치과에서도 받을 수 있으니 좋지 않느냐는 것이다. 어차피 대학에서 의학 교육을 받은 사람들이고 그 어려운 의사면허시험도 붙은 사람들인데, 그것도 무작정 혼자 공부해서 시술하는 게 아니라 소정의 교육을 받은 후에 하는 시술인데 별 문제가 있겠냐는 것이다.

환자의 선택권이 우선이라면 약사, 의사, 한의사, 치과의사의 면허를 나눌 필요가 뭐가 있을까? 치과 의사가 복막염 수술을 하고, 한의사가 임플란트 시술을 하고, 외과 의사가 한약을 조제하고, 약사가 침놓고 뜸을 뜨면 안 될 게 뭐란 말인가. 이런 식으로 확장되다 보면 무면허 의료행위를 과연 처벌할 수 있을지 의문이다.

나는 환자로서 전문가의 보호를 받고 싶다. 이 판결로 환호하는 사람이 있는가 하면 불안해하는 사람도 있다. 환자가 불안에 빠지는 데는 대법원이 한몫했지만 더 큰 책임은 의학전문가들에게 있다. 그들은 의학이라는 자신의 전문 영역을 사법부에 있는 의학 비전문가들에게 맡겼다. 의사, 치과 의사, 한의사, 약사 등 모든 의료 영역의 전문가들이 직무 영역을 규정하고 타협하는 과정이 필요하다. 사람 살리려고 이 일을 하는 것 아닌가.

나는 복막염 수술을 하고 채 두 달이 되지 않아 사관학교에 입교했다. 넉 달 후 행군 중에 복막염 수술한 곳이 터져서 피와 고름이 쏟아져나왔다. 놀란 교육장교는 나를 데리고 산을 넘어서 대기하고 있는 앰뷸런스로 갔다. 의무병이 대뜸 말했다.

"얼른 꿰매야겠네요."

"속이 곪아터졌는데 꿰맨다고 되겠습니까?"

뒤도 안 돌아보고 나왔다. 몇 시간 후 한의사 군의관이 왔다. 주머니에서 침을 꺼내는 게 보였다.

"충성!"

절도 있게 경례를 한 뒤 나왔다. 그리고 50킬로미터를 더 걸어가서 외과 의사를 만났다. 전문가에게도 각기 다른 자기 전문 영역이 있다.

# 공포의 전자레인지

“하나님이 가라사대 빛이 있으라 하시매 빛이 있었고 그 빛이 하나님의 보시기에 좋았더라.”

「창세기」 1장 3~4절 말씀의 일부다. 기독교 신앙에 따르면 하나님이 세상을 창조하실 때 이 세상을 빛으로 채우신 것이다. 이 빛을 조금 더 과학적으로 표현하자면 전자기파(電磁氣波)라고 한다. 우주는 전자기파로 시작되었다. 그 순간을 과학에서는 빅뱅이라고 한다. 우주란 전자기파의 공간이다. 전자기파가 없는 곳은 우주에 없다. 만약 그런 곳이 있다면 그곳은 우리가 알고 있는 우주가 아니다.

그런데 이 전자기파를 우리는 보통 전자파라는 잘못된 용어로 부른다. 전자파는 마치 무서운 전자(電子)를 마구 발사하는 어떤 파동처럼 들린다. 그런데 과학에는 전자파라는 용어가 없다. 전자기파가 옳은 말이다. 이해 못할 일은 아니다. 전자기파에 들어 있는 자기(磁氣)는 원래 좀 이해하기 어렵다. 나도 중학교와 고등학교 때 자기 때문에 고생깨나 했다. 그래서인지 다들 전자기파라는 말을 꺼리고 전자파라고 하지만 전자기파가 맞는 말이다. 정 어려우면 차라리 쉽게 빛 또는 전파라고 부르는 게 옳다.

전자기파 또는 전파는 말 그대로 파동이다. 파동이란 파도처럼 출렁이면서 이동하는 움직임을 말한다. 그 범위는 아주 넓다. 전자기파는 진동수가 낮으면 파장이 길다는 특징이 있다. 진동수란 1초에 떠는 회수다. 진동수가 높은 전자기파는 에너지가 크며 파장은 짧다. 무작정 에너지가 크다고 좋은 게 아니다. 모든 전자기파는 각각의 쓸모가 있다.

우리가 듣는 라디오 전파는 진동수가 아주 작은 전자기파다. 진동수가 낮으니 파장은 길다. 파장이 긴 전자기파는 멀리 잘 나간다. 그래서 라디오 방송에 사용하는 것이다. 라디오 전파에는 FM과 AM이 있다. AM 라디오의 주파수는 킬로헤르츠(KHz) 단위로 표시되어 있다. 그런데 FM 주파수는 메가헤르츠(MHz) 단위다. 여기서 말하는 주파수가 바로 진동수이다. AM 라디오는 FM 라디오보다 진동수가 1000배 작다. 따라서 파장은 1000배 길다. 그만큼 멀리 간다. FM은 진동수가 높아서 파장이 짧기 때문에 멀리까지 보내지는 못하지만 담을 수 있는 정보가 많다. 덕분에 스테레오 음악방송이 가능하다.

전자기파를 굳이 전자파라고 부르는 사람들은 대개 전자파를 두려워한다. 전자파가 영양분을 파괴하고, 각종 성분들을 비정상적으로 변하게 하며, 발암물질을 만들어내고, 인체 세포까지 손상시킨다고 얘기한다. 하지만 전자파를 두려워하시는 분들이라고 해서 설마 라디오를 들으면 건강이 나빠지고 영양소가 파괴될 것이라고 생각하지는 않을 것이다. 그분들이 걱정하는 것은 전자레인지다.

휴대폰과 전자레인지가 사용하는 전자기파를 마이크로웨이브라고 한다. 그래서 전자레인지를 서구에서는 그냥 마이크로웨이브라고 흔히 부른다. 마이크로웨이브는 라디오파보다는 에너지가 조금 더 세다. 그 위로는 정형외과 치료에 쓰는 적외선이 있고, 더 위에는 가시광선이 있다. 가시광선은 빨-주-노-초-파-남-보라는 무지갯빛을 이루는 전자기파로 우리가 볼 수 있는 파장 범위에 있다. 무지갯빛에 두려움을 느끼는 사람은 아무도 없을 것이다. 하물며 그것보다 두 단계 아래에 있는 마이크로웨이브를 두려워할 이유가 뭐가 있을까? 우리가 걱정해야 하는 전자기파는 자외선, 엑스선, 감마선처럼 가시광선보다 진동수가 높고 파장이 짧은 것들이다.

우리가 사용하는 모든 전자제품에서는 전자기파가 나온다. 전자레인지를 두려워하시는 분들이 의외로 헤어드라이어는 거침없이 사용한다. 헤어드라이어에서 나오는 전자기파는 전자레인지에 코를 대고 들여다볼 때 쬐는 전자기파보다 10배가량 에너지가 높다. 전기장판은 말할 것도 없다. 전기장판에 3센티미터 두께의 요를 깔고서 온도를 미지근한 정도로 맞추면 전자레인지에서 30센티미터 떨어져 있을 때보다 10배 정도 높은 전자기파가 측정된다. 가습기에서는 전자레인지보다 14배나 많은 전자기파가 나온다. 더 놀라운 것도 있다. 화장실에서 쓰는 비데다. 비데를 사용할 때 나오는 전자기파는 헤어드라이어보다 두 배가 많다. 그러니까 비데에서는 전자레인지보다 20배나 많은 전자기파가 나오는 것이다.

이렇게 말해도 소용없다. 그분들은 세계보건기구에서 휴대전화를 발암등급표에 올려놓은 것을 지적한다. 사실이다. WHO는 휴대전화에서 나오는 전자기파와 암의 발생 사이에 아주 제한적이며 약한 상관관계가 있다고 설명한다. 10년 이상 매일 30분씩 통화를 하면 뇌종양 발병률이 높아질 가능성이 있지만 매우 제한적이라는 것이다. 그런데 WHO 발암등급표에 올라 있는 휴대전화의 위험도는 2B다. 김치도 마찬가지로 2B다. 결국 WHO에 따르면 휴대전화는 김치 정도로 위험한 장치라는 뜻이다. 휴대전화가 위험하다고 생각된다면 김치도 먹지 말아야 한다. 김치 정도의 위험성은 감수할 수 있다면 휴대전화도 감수할 수 있는 것이다.

나는 경기도 고양시 일산에 산다. 직장은 서울시 노원구 하계동이다. 자동차로 이동하면 외곽순환고속도로로 1시간 이내 거리이지만 대중교통을 이용하면 2시간 30분 이상 걸린다. 짧은 시간은 아니지만 책을 읽고 있으면 후딱 지나간다. 그런데 그게 쉽지 않다. 휴대전화 통화 소리 때문이다.

전자제품은 30센티미터만 떨어트려도 전자기파의 세기가 약 6분의 1로 줄어든다는 사실을 아시는 분들이 얼마나 많은지 다들 휴대전화를 멀리 두고 쓰신다. 덕분에 통화소리는 커지고 책에 집중하기 어려워지고 출퇴근 시간은 무척이나 길게 느껴진다.

전자레인지는 단순하게 물을 데우는 장치다. 그 과정에 음식이 익는다. 이때는 영양소의 손실도 없고 암을 유발하는 물질을 만들지도 않는다. 휴대전화도 마찬가지다. 위험하다고 해도 김치 정도다. 제발 휴대전화는 귀에 대고 조용히 통화하자. 그게 주변에 있는 시민들의 정신건강에 좋다.

# 독한 감기는 없다

독감 예방 주사를 맞는 분들이 자주 물어보는 말이 있다.

"전 독감은 잘 안 걸려요. 그런데도 매년 독감 주사를 맞거든요. 그런데 왜 감기 예방 주사는 안 놔주는 거죠? 감기는 일 년에 몇 번씩도 걸리는데 말이죠."

이유는 간단하다. 독감 예방 주사는 있지만 감기 예방 주사는 없기 때문이다. 이는 독감과 감기는 전혀 상관없는 질병이라는 뜻이다. 즉 독감은 이름과 달리 독한 감기가 아닌 것이다.

감기(感氣, cold)에 걸리면 콧물이 나고 기침을 하다가 며칠 지나면 저절로 낫는다. 아이들 같으면 열이 나기도 하지만 마찬가지다. 며칠 지나면 낫는다. 독일에서는 감기에 걸려 병원에 가면 학교와 직장에 가지 말고 며칠 쉬라는 처방만 내준다. 주사는커녕 약 처방도 거의 하지 않는다. 본인이 답답해서 코를 뚫어주는 스프레이를 구입하거나 열이 오르면 아스피린을 복용하는 게 전부다.

그런데 독감(毒感, influenza)은 다르다. 독감의 전형적인 특징은 고열과 통증이다. 두통, 근육통, 복통, 관절염 증상이 흔히 나타난다. 몸살 증상이 심한 것이다. 노인과 임산부의 경우 폐렴이 동반되면서 사망에 이르는 경우도 많다. 독감은 세계대전보다 무섭다. 제1차 세계대전 중에 죽은 사람은 1,500만 명 정도인데 1918년 한 해에만 스페인독감으로 사망한 사람이 5천만 명에 이른다. 이때 우리나라에서도 14만 명이 독감으로 죽었다. 스페인독감이 우리나라 역사에는 무오년독감으로 기록되어 있다. 독감으로 인한 대량 사망이 과거의 일만은 아니다. 지금도 전 세계 독감 사망자는 매년 50만 명에 달한다. 인구가 8천만 명 정도인 독일에서는 2003년에 15,000명의 노인이 독감으로 사망했다. 우리나라에서는 매년 2천 명 정도가 독감으로 사망한다. 그 가운데 20퍼센트는 임신 말기의 여성이다. 임산부는 독감에 더 취약하니까 꼭 독감 예방 백신을 맞아야 하고 독감에 걸렸을 때는 타미플루 등을 복용해야 한다.

그렇다면 감기와 독감은 어떻게 다른 것일까? 감기는 감기 환자의 손을 만졌을 때 감염되는 경우가 많다. 감기 바이러스는 손을 타고 퍼져나가는 것이다. 따라서 외출하고 돌아온 다음에는 비누로 손을 깨끗이 잘 씻으면 된다. 이에 비해서 독감은 아무리 손을 닦아봐야 소용없다. 독감을 일으키는 바이러스는 환자가 재채기를 할 때 나오는 작은 물방울에 묻어서 퍼져나가기 때문이다. 그래서 재채기를 할 때는 입을 가려야 하고 독감이 유행할 때는 마스크를 하는 것이다.

아니, 같은 바이러스인데 왜 감기 바이러스는 손을 통해서 감염되고 독감 바이러스는 재채기를 통해 감염될까? 바이러스라고 해서 다 같은 바이러스가 아니다. 감기는 아데노바이러스, 리노바이러스, 콕사키바이러스, 코로나바이러스 같은 잡(雜) 바이러스로 인해 발생한다. 이에 비해 독감을 일으키는 바이러스는 특별히 '인플루엔자 바이러스'라고 한다.

인플루엔자 바이러스는 크게 A형, B형, C형 세 가지 형태로 분류된다. A형은 바이러스 표면에 있는 헤마글루티닌(hemagglutinin)과 뉴라미니다제(neuraminidase)라는 단백질의 형태에 따라 분류된다. 현재 헤마글루티닌(H) 항원은 16가지, 뉴라미니다제(N) 항원은 9가지가 있다. H 항원과 N 항원의 조합에 따라서 다양한 바이러스가 생긴다. 스페인독감을 일으킨 인플루엔자 바이러스는 A형의 H1N1 바이러스다. B형에는 빅토리아(Victoria)와 야마가타(Yamagata) 바이러스 등이 있다. B형과 C형은 A형만큼 변이가 빠르지는 않다.

감기는 증상이 가벼운 질병이지만 독감은 무서운 병이다. 하지만 감기 예방 주사는 없어도 독감 예방 주사는 있으니 준비만 하면 된다.

청와대는 2014년 3월부터 2016년 8월까지 10종류의 녹십자 의약품을 31차례에 걸쳐서 대략 2천만 원이 넘는 양을 구입했다. 그 내용을 들여다보면 태반주사, 감초주사, 마늘주사 같은 것들도 포함되어 있다. 왠지 이름부터 과학과는 거리가 멀고 옛날에 시장에서 약장수들이 파는 약처럼 보인다. 실제로도 그 효능이 의학적으로 입증되지 않은 것들이다. 그런데 청와대는 대부분 독감 예방 접종용이라고 해명했다. 주치의가 이런 약을 처방했을 리가 없다. 청와대 직원과 그 여인의 건강이 심히 걱정된다. 아무리 봐도 그 여인은 기본이 안 되어 있는 것 같다.

독감 예방 주사는 늦어도 11월까지는 맞아야 좋다. 예방 주사를 맞기 전에 의사와 상담하는 것은 기본이다. 이 나라는 심각한 독감에 걸렸다. 예방 주사를 맞기에는 늦었다. 아프더라도 환부를 도려내야 한다. 그래야 산다.

# 청부 과학자

2016년 6월, 세계적인 환경단체 그린피스는 한 통의 공개서한을 받았다.

"많은 과학자와 농업종사자들은 급증한 식량수요를 감당하기 위해 GMO가 필수적이라고 생각합니다. 하지만 그린피스는 GMO를 '유전자 오염'이라고 규정하면서 GMO 식품의 위험성을 지적하고 있습니다. 그런데 GMO가 인간이나 동물에게 해롭다는 사실은 아직도 과학적으로 입증되지 않았습니다. '골든라이스'는 기존 쌀에 비타민 A 성분을 강화시킨 것입니다. 기아와 비타민 A 부족으로 고통받는 동남아시아와 아프리카 사람들에게 골든라이스는 훌륭한 대안입니다."

편지의 발신자는 완곡하지만 분명하게 그린피스에 골든라이스 개발 반대 운동을 중단할 것을 요청했다.

그린피스가 어디 이런 요구에 콧방귀라도 뀔 단체인가.

평소 같으면 논평을 요구하는 언론에 즉각적으로 반응하여 격렬한 비판을 가했을 테지만, 그린피스는 하루가 지난 다음에야 필리핀 마닐라에서 활동하고 있는 활동가를 통해 신중한 논평을 했다.

> "누군가가 유전자 조작된 '골든라이스'를 막고 있다는 비난은 잘못된 것입니다. 골든라이스는 실패한 해결법으로 20년 이상 연구했지만 아직도 판매되고 있지 않습니다. 국제쌀연구소(IRRI)가 인정하였듯이 실제로 비타민 A 결핍을 해결한 것도 아닙니다. 따라서 우리는 지금 존재하지도 않는 것을 놓고 이야기하고 있는 셈이지요."

GMO 찬성론자와 반대론자가 이렇게 점잖은 이야기를 주고받다니…. 참으로 아름다운 광경이다. 아마도 여기에는 편지를 보낸 사람들의 권위가 작용했을 것이다. 편지를 보낸 이는 무려 110명의 노벨상 수상자들이다. 1901년부터 2015년까지 874명의 사람과 26개의 단체가 노벨상을 수상했다. 874명의 수상자 가운데 생존자는 단 296명. 그런데 그중 3분의 1이 넘는 110명이 편지에 서명한 것이다. (2017년 11월 현재 서명자 수는 129명으로 늘어났다.)

이 서한을 주도한 사람은 유전자에서 '인트론(intron)'을 발견한 공로로 1993년 노벨 생리의학상을 받은 리처드 로버츠. 그가 굳이 어렵게 백 명이 넘는 노벨상 수상자를 수소

문하여 서명을 받아낸 데는 노벨상의 '권위'에 의지해보려는 비과학적인 의도가 숨어 있었을 것이다. 리처드 로버츠의 의도는 적어도 그린피스에게는 통하였다.

그린피스가 '네, 알겠습니다. 앞으로는 GMO 반대 운동하지 않겠습니다'라고 말하지는 않았지만 적어도 언론을 통한 토론은 가능하게 했다. 나만 해도 현재 전 세계에서 2억 5천만 명이 비타민 A 결핍으로 고통받고 있다는 사실, '골든라이스'가 아직 시장에서 판매되는 상품이 아니며, 인도주의적 GMO의 상징으로 제시되는 골든라이스가 아직 개발되지 못한 이유가 환경단체의 반대 운동 탓이 아니라 여전히 그 효과와 안전성을 입증하지 못한 난관 때문이라고 주장하는 일군의 과학자들이 있다는 사실 또한 알게 되었다.

그린피스의 응답이 얼마나 신중했는지 우리나라 언론에서는 "그린피스는 아직 입장을 내놓지 않고 있다"라고만 보도했다. (우리나라 언론이 주로 인용보도한 〈워싱턴포스트〉 지는 후에 인터넷 판에 그린피스의 반론을 실었다.)

그런데 이것은 과학자와 그린피스 사이의 이야기이고 실제 대중의 인식과는 거리가 멀었다. 기사에 달린 댓글은 주로 이런 내용들이었다.

"110명 가운데 생리의학상, 화학상, 물리학상 수상자는 거의 없을 듯."

"노벨상 반납하라고 전해주세요."

"종교계부터 반대운동을 해야 합니다."

"다국적 기업의 이윤창출을 극대화하는 데 혈안이 된 과학자."

"GMO 반대는 반인도주의적 범죄다."

먼저 팩트부터 확인해보자. 서명한 110명의 노벨상 수상자 명단은 'Support Precision Agriculture' 사이트에서 확인할 수 있다. 생리의학상 41명, 화학상 34명, 물리학상 25명, 경제학상 8명, 평화상 1명, 문학상 1명이다. 과학자가 정확히 100명이다.

노벨상을 반납하라거나 종교계가 반대해야 한다는 주장은 아마도 GMO가 비윤리적이며 창조질서에 어긋난다고 받아들이기 때문일 것이다.

익명의 댓글이야 그렇다고 치자. 내가 진심으로 존경하는 생물학 박사님 한 분은 페이스북에 이렇게 쓰셨다.

"얼마 전의 선언으로, 과학기술이 만든 문제를 과학으로 해결할 거라 믿는 과학자들이 얼마나 단순한지 스스로 증명했다고 저는 생각합니다. 연구비에 목을 매면 맬수록 그런 주장 또는 유혹에 이끌리겠지요. 저는 그런 과학자들을 '청부 과학자'라고 풀이합니다. 권력과 돈에 영합하는 청부 과학은 생태계의 안정을 위협하지요. 후손의 생명을 위태롭게 만듭니다."

이쯤 되면 노벨상 수상자들의 권위를 빌어 호소하려던 전략은 실패했다고 봐야 한다. 어떠한 근거도 제시하지 않은 채 노벨상 수상자들을 권력과 돈에 영합하는 청부 과학자로 일반화하면 더 이상 어떻게 토론이 진행되겠는가. 설사 상대방이 청부 과학자라고 하더라도 이렇게 이야기하면 대화가 안 된다.

대화의 기본은 팩트와 스토리를 구분하는 것이다. 내가 이야기하고 있는 것이 사실인지, 아니면 내가 머릿속에서 지어낸 스토리인지 스스로 알아야 한다. 스토리 없이 이야기하는 사람은 없다. 하지만 상대방에게 먼저 팩트를 이야기하고 확인해야 대화가 된다. 골든라이스를 개발하고 있는 몬산토가 생존하고 있는 노벨상 수상자 가운데 3분의 1이 넘는 사람을 '매수'하여 GMO가 안전하다는 주장을 펴게 하는 것이 가능하기나 한 이야기인가 말이다. 팩트에 기초하지 않은 스토리는 대개의 경우 무익할 뿐만 아니라 유해하다.

과학은 의심하고 질문하는 데서 시작한다. 그것은 상대방뿐만 아니라 자신에게도 마찬가지다.

# 내가 본 것은 무엇인가

1901년 12월 4일 수요일 저녁 7시 45분. 베를린 대학의 범죄학연구소에서 총성이 울렸다. 사건은 질의응답 시간에 일어났다. 한 청중이 교수가 강연한 범죄 이론에 대한 도덕철학적 관점에 대해 질문한 것이다. 질문을 이해 못한 교수가 난처해하고 있을 때 다른 청중이 짜증을 내면서 소리쳤다. "그따위 관점은 없어!" 질문자와 끼어든 사람 사이에 시비가 일었고 시비는 주먹다짐으로 발전하였으며 급기야 총알이 발사되었다.

현장에 있던 청중 가운데 열다섯 명의 법학도들은 현장에 대한 진술을 요구받았다. 세 명은 당일 저녁과 다음 날 낮에, 아홉 명은 일주일 후에, 그리고 세 명은 다섯 주가 지난 다음에 말이나 글로 진술했다. 그들은 열다섯 단계에 걸쳐 진술을 해야 했는데 각각의 상황을 정확히 진술한 사람은 단 한 명도 없었으며 오류의 비율은 27~80퍼센트에 이르렀다.

시비가 붙은 두 사람 사이에 오간 대화를 정확히 기억 못하는 것은 당연하다. 그런데 놀랍게도 청중들은 없던 대화를 만들어내고, 심지어 시비에 참여하지 않은 엉뚱한 사람을 시비의 장면에 등장시키기도 했다. 실제로 두 사람은 한자리에서 싸웠지만, 그들이 강의실 안에서 쫓고 쫓기는 추격전을 벌였다는 진술도 나왔다.

이 사건은 실제 총격 사건이 아니었다. IQ검사를 생각해낸 심리학자인 빌리암 슈테른(William Stern)이 고안한 실험이었다. 슈테른은 '사람들이 얼마나 정확히 기억하는가?' 하는 문제에 천착하고 있었다. 증언이 법정 진술에서 얼마나 유효한가를 연구하고 있었던 것이다.

1900년대 초의 심리학계에서는 피실험자들이 실험인지 모르고 참여하는 '놀람 실험'이 유행이었다. 학생들에게 마스크를 쓰고 강의실에 20분 동안 앉아 있게 하고서는 며칠 후에 학생들에게 아홉 개의 마스크를 제시하고 그중 자신이 썼던 마스크를 고르게 했다. 제대로 찾은 사람은 스무 명 중 단 네 명에 불과했다. 강의실 총격 실험이나 마스크 실험은 사람의 기억이 얼마나 믿을 게 못 되는지를 여실히 증명했다.

지난 5월 4일과 5일에는 제19대 대통령선거 사전투표가 진행되어 유권자의 26.06퍼센트인 1107만 2310명이 참여하는 새로운 역사를 기록했다. 그런데 사전투표 첫날인 4일 오후부터 분위기가 뒤숭숭해졌다. 온라인 커뮤니티 게시판에 "내가 받은 투표용지에는 여백이 없었다", "여백이 없는 투표용지는 무효표 처리가 된다"라는 글이 도배되다시피 했던 것이다. 선관위를 신뢰하지 않고 지난 제18대 대선 때 개

표과정에서 당선자가 바뀌었다고 주장하는 사람들뿐만 아니라 선관위를 신뢰하는 사람들에게서조차 목격담이 나오기 시작했다.

"아무리 선관위를 신뢰하지 못해도 그렇지, 아니 그 사람들이 유권자 얼굴만 보고서 누구를 찍을지 어떻게 알고 잘못된 투표용지를 배부하겠는가?"라는 합리적인 반박도 소용이 없었다. "설사 여백이 없는 투표용지가 나오더라도 무효표가 아니다"라는 선관위의 발표는 음모론에 묻혀 잘 전파되지 않았다.

더민주당 선대위에서도 다음 날 모두 조사할 테니 안심하고 사전투표에 임해달라고 호소했지만 소용이 없었다. 소문은 점점 더 커졌다. 평소에 헛소리를 하지 않는 아주 상식적인 사람들도 같은 주장을 했기 때문이다. 나와 가까운 어떤 심리학 박사도 자신의 페이스북에 "음모론이 아니다. 그렇다면 내가 본 것은 무엇인가?"라며 역정을 내기도 했다.

급기야 중앙선거관리위원회는 5일 허위사실을 유포함으로써 선거법을 위반했다며 12명을 대검찰청에 고발하기에 이르렀다. 둘째 날인 5일에는 여백이 없는 투표용지를 받았다는 증언이 단 한 건도 없었다. 그렇다면 4일의 그 많은 목격담은 무엇이었을까?

진실은 5월 9일 밤에 개표장에서 드러났다. 여백이 없는 투표용지는 전국에서 단 한 장도 나오지 않았다. 모든 투표용지에는 후보자 사이에 0.5cm의 여백이 있었다.

사람은 결코 완벽한 존재가 아니다. 아무리 꼼꼼하고 현명한 사람이라 할지라도 그의 기억은 완벽하지 않다. 이미 100년 전에 실험으로 확인된 사실이다. 그런데 가까운 사람이거나 평소에 신뢰하던 사람의 증언이 있으면 기억의 오류는 증폭되어 전파된다. 연쇄 집단 기억 오류가 발생하는 것이다.

이번 사태에 대해 약학 칼럼니스트 정재훈 선생은 이렇게 말했다.

“우리는 항상 세 가지를 의심해야 한다. 자신의 눈, 자신의 기억 그리고 다른 사람의 말이 바로 그것이다.”

내 기억은 다른 사람의 말에 의해 왜곡된다. 신뢰할 만한 사람의 말일수록 더 의심해야 한다. 의심하고 의심하고 의심하자.

# '슈퍼문'은 없다

추석 연휴 둘째 날, 나는 발코니에 서서 아파트 앞 동 위로 떠오르는 환한 한가위 달을 보았다. 한눈에 봐도 크고 밝았다. 착시가 아니었다. 실제로 컸다. 흔히 지구와 달 사이의 거리가 38만 킬로미터라고 말하지만 이것은 평균 거리일 뿐이다. 태양 주변을 도는 모든 행성들이 그러하듯이 달도 지구 주위를 타원형으로 돈다. 따라서 가까울 때와 멀 때의 거리 차이가 꽤 난다. 가장 가까울 때를 근지점이라고 하고 가장 멀 때를 원지점이라고 하는데, 근지점의 평균 거리는 36만 킬로미터 정도이고 원지점의 평균 거리는 40만 킬로미터 정도다. 이번 추석 보름달은 면적이 컸으며 그만큼 더 밝았다.

추석 같은 명절이 되면 단체 문자들이 쏟아져 들어온다. 나는 이런 문자들을 진심으로 고맙게 여긴다. 덕분에 생존 확인도 하고 덕담도 골고루 들을 수 있어서 좋다. 그런데 올 추석에는 단체 문자가 몇 건 안 들어왔다. 내심 꽤나 실망했다.

그런데 웬걸! 추석 보름달이 뜨자 친구들이 직접 찍은

달 사진을 보내기 시작했다. 벗들은 달 사진을 보내고자 문자를 꾹 참고 있었던 것이다. 그런데 친구들은 사진과 함께 아쉬움을 전했다. 자기들이 찍은 달 사진이 너무나 작다는 것이다. 아니, 그러면 뭐! 크레이터 속이 훤히 들여다보이기라도 할 줄 알았나? 실망이 과했는지 대학 같은 과 동기인 이석훈은 달에서 활동하고 있는 아폴로 우주인 사진을 올리기도 했다. 큰 기대에 이은 큰 실망을 나름 유머로 푼 것이다.

친구들의 기대와 실망은 '슈퍼문'이라는 출처 불명의 용어 때문이다. 최근 들어서 달의 운행이 크게 달라졌을 리 만무한데 몇 년 전까지는 들어보지도 못한 슈퍼문이란 말이 매년 언론에 등장하고 있다. 여기에 대해 소백산천문대장인 성언창 박사는 슈퍼문은 최근 2~3년 전에 등장한 것 같으며, 자기도 처음에는 동네 슈퍼에 달린 문인 줄 알았다는 농담까지 했다.

슈퍼라는 접두어가 붙으려면 웬만큼 차이가 나서는 안 된다. 보통 사람보다 기껏해야 힘이 두 배쯤 세다고 해서 슈퍼맨이라고 부를 수는 없다. 날아가는 비행기를 손으로 잡아 세우고 빛보다 빨리 날아가서 소녀를 구할 수 있어야 한다.

슈퍼문의 정체를 따져보려면 먼저 지구와 달 사이의 관계에 대한 오해부터 풀어야 한다. 달의 위상(모양)이 변하는 과정을 알려주던 과학 교과서 그림을 떠올려보시라. 한가운데 아름다운 지구가 있고 양옆과 위아래에 각기 모양이 다른 달이 놓여 있다. 이때 달과 지구는 기껏해야 지구 지름 정도밖에 떨어져 있지 않다.

하지만 실제는 많이 다르다. 500원짜리 동전을 식탁 위에 놓자. 이걸 지구라고 하자. 달은 500원짜리 동전 28~31개를 늘어놓은 거리만큼 떨어진 곳에 있다. 76~84센티미터 떨어진 곳이다. 달은 워낙 멀리 있고 거기서 조금 가까워졌다고 해서 엄청나게 커 보이고 속이 훤히 들여다보이는 것은 아니다.

혹시 두 배쯤 달이 커 보이기를 바라시는가? 그렇다면 슈퍼문이 뜰 때마다 해안가에 살고 있는 사람들은 내륙 깊숙이 대피를 해야 한다. 밀물과 썰물의 차이가 커질 뿐만 아니라 밀물 때 바닷물의 높이가 엄청나게 높아지기 때문이다. 단순히 대피한다고 해서 되는 문제가 아니다. 강물은 역류하고, 화장실에는 오물이 넘치고, 바닷가에 있는 핵발전소는 붕괴할지도 모른다.

슈퍼문은 있어서도 안 되고 있을 수도 없다. 과학자들은 이런 호들갑스러운 말을 하지 않는다. 단지 '근지점 보름달', '원지점 보름달'이라는 용어를 쓸 뿐이다. 슈퍼문이라는 말은 1979년 한 점성술사가 처음 썼다고 한다. 그러니까 주술적인 용어다.

2015년 9월 28일 NASA는 2011년 사진을 바탕으로 세웠던 화성에 지금도 물이 흐르고 있다는 가설과 추정을 확인하는 증거를 새로 확보했다고 발표했다. 과학은 꾸준히 앞으로 가고 있다.

# 그래야만 먹고살 수 있습니까?



이곳의 새벽 풍경은 여느 작은 어촌 마을과 다르지 않다. 동이 채 트기도 전에 장화를 신고 골목을 나선다. 이웃들과 정겹게 인사를 나눈다. 그리고 배에 시동을 건다. 십여 척의 배가 함께 출항한다. 오늘의 노동으로 가족들이 생계를 이어갈 것이다. 매년 9월부터 3월까지가 대목이다. 여느 해와 마찬가지로 올해도 괜찮은 수입을 올릴 것 같다. 이미 주문이 들어와 있기 때문이다. 하늘은 맑고 파도는 높지 않다. 평화라는 말이 자연스럽게 떠오른다. 참 좋은 날이다.

이곳은 일본 와카야마 현의 다이지 정이라고 하는 작은 어촌이다. 인구가 3,500여 명에 불과하다. 하지만 전 세계적으로 아주 유명한 곳이다. '전통적인 사냥' 덕분이다.

사냥은 제법 먼 곳에서 시작된다. 부두에서 30킬로미터나 떨어진 바다로 나간다. 작은 배로 30킬로미터를 가는 게 쉬운 일은 아니다. 시간도 많이 걸린다. 사냥에서 제일 중요한 것은 일사분란하게 움직이는 것이다. 한쪽에 구멍이 있으면 안 된다. 사냥꾼 전체가 서로를 신뢰하고 배려하면서 속도를 잘 맞추어야 한다. 호흡이 중요하다. 전통적인 사냥이니 당연히 훈련이 잘 되어 있다. 어르신들에게 몸으로 배웠고 오랜 세월 동안 손발을 맞추었기 때문이다.

저 멀리 사냥감이 보인다. 하지만 서두르지 않는다. 사냥감 무리가 작으면 움직이지 않는다. 제법 규모가 커야 한다. 우두머리의 신호가 온다. 배들은 일렬로 늘어서서 달린다. 사냥감에 바짝 다가갈 필요는 없다. 그들은 몰이꾼이기 때문이다. 커다란 엔진 소리가 귀찮은 사냥감들은 그 소리에서 멀어지려고 한다. 요즘은 바다 그 어느 곳도 조용하지 않다. 정말로 배가 많기 때문이다. 몰이꾼들은 기다란 쇠막대를 바다에 들이밀고는 윗동을 망치로 세게 때려댄다. 사냥감이 견디기 힘들어 하는 소리다. 소음 때문에 서로 신호를 주고받지도 못한다. 사냥감 무리 안에서 리더십이 무너진다. 사냥감은 무조건 도망을 친다. 그런데 그들이 도망치는 곳은 몰이꾼이 원하던 방향이다.

겨울 산에서 토끼몰이를 하는 장면과 비슷하다. 쫓기는 토끼들은 사냥꾼들이 두렵기는 하지만 '그래도 산인데… 산은 내가 제일 잘 아는데…'라면서 큰 걱정은 하지 않았을 것이다. 곳곳에 파둔 토끼굴도 있고. 그런데 사냥꾼은 뒤에만 있는 게 아니다. 앞에서도 기다리고 있다. 결국 덫에 걸리거나 사냥개에게 잡히고 만다.

다이지 어민들에게 쫓기는 사냥감들도 그렇게 생각할 것이다. '뒤에서 아무리 쫓아와도 걱정 없어. 이렇게 넓은 바다에서 자기네들이 어떻게 할 거야?'라고 말이다. 그런데 착각이었다. 한없이 넓을 것 같은 바다에도 끝이 있다. 시끄러운 소음을 내고 쫓아오는 십여 척의 배에 쫓겨온 그들 앞을 육지가 가로막고 있다. 앞만 그런 게 아니다. 양옆도 육지이다. 삼면이 육지인 작은 만(灣) 안에 갇힌 것이다. 이젠 뒤로 돌아나갈 수도 없다. 일렬로 늘어선 배들이 이미 그물로 그 길을 막아버린 지 오래다.

몰이꾼의 역할은 거의 다 끝났다. 이젠 포수와 사냥개가 자기 역할을 할 때다. 총을 쏘지는 않으니 포수는 아니다. 칼잡이다. 더 무섭다. 그들은 사냥감의 꼬리를 들어 올리고는 목에 칼을 찔러 넣는다. 예전에는 일이 쉽고 빨랐다. 한 놈의 목에 칼을 찔러 넣고 이어서 다른 놈의 목에 칼을 찔러 넣으면 되었다. 그런데 인터넷이 문제였다. 작은 만이 피로 붉게 물든 사진이 전 세계에 퍼져나갔다. 비난이 쏟아졌다. 그렇다고 주민 생계의 큰 부분을 차지하고 있는 전통적인 사냥법을 포기할 마음은 추호도 없었다. 그래서 꾀를 냈다. 코르크 마개로 찌른 부위를 얼른 막았다. 혈관에서 빠져나온 피는 몸 안에 쌓였다. 고기는 비싼 값으로 판매되었다.

이 사냥감은 아가미가 달려 있는 어류가 아니라 물 위로 머리를 내놓고 숨을 쉬어야만 하는 포유류이다. 그렇다. 돌고래다. 다이지 마을 주민들은 전통적인 사냥법으로 돌고래를 잡아서 생계를 유지한다. 물론 전통적인 사냥법이라고 해서 마구잡이로 돌고래를 잡을 수 있는 것은 아니다. 와카

야마 현으로부터 매년 사냥할 수 있는 포획량을 배정받는다. 다이지 마을에 할당되는 쿼터(quota)는 매년 2천 마리 정도이다.

쿼터 대부분은 일본 사람들이 먹는다. 그들이 고래를 먹는 것에 대해 우리는 얼마든지 비난할 수 있다. 그들을 비난하면서 미안해 할 필요도 없다. 그런데 다이지 마을의 돌고래 사냥 때문에 우리가 부끄러워해야 할 일이 생겼다.

어느 날은 다이지 마을 사람들의 사냥법이 조금 달랐다. 다짜고짜 목에 칼을 찔러 넣는 게 아니라 일단 며칠을 굶겼다. 그다음 사육사들이 기진맥진한 돌고래 무리 속으로 들어가서 새끼를 골랐다. 어미와 새끼는 헤어지지 않으려고 안간힘을 썼지만 사람을 당해내지는 못했다. 새끼 몇 마리의 운명은 정해져 있었다. 평생 좁은 수족관에서 살아야 했다. 쇼를 하면서 말이다. 냉동 고등어나 받아먹으면서 말이다.

야생 돌고래에서 수족관 돌고래로 순식간에 운명이 바뀐 새끼가 팔려가는 나라는 러시아, 중국, 우크라이나 그리고 한국이다. 2017년 1월, 울산남구청은 동물 쇼를 위해 돌고래를 수입한다고 공식적으로 발표했다. 한쪽에서는 제돌이 같은 남방큰돌고래를 바다로 돌려보내는 노력을 하고 있고 다른 한쪽에서는 쇼를 하기 위해 다이지 마을의 돌고래를 수입하고 있다. 울산이 돌고래 쇼라도 해야 겨우 먹고사는 곳은 아니지 않은가. 울산에서 죽어나간 돌고래가 이미 한두 마리가 아니지 않은가.

# 신념을 말할 용기

제1차 세계대전이 한창이던 1915년 11월 25일, 베를린의 프로이센과학아카데미에 4쪽짜리 논문이 제출되었다. 경상대 이강영 교수는 이 논문이 "우주를 방정식으로 풀게 해줌으로써 현대 물리학을 성립시킨 논문"이라고 평했다. 이 4쪽짜리 논문에는 일반상대성이론의 근간을 이루는 방정식이 실려 있었다.

일반상대성이론이 완성된 지도 이미 100년이 훌쩍 넘었다. 그런데 일반상대성이론에 대해 말 한마디 하기가 참 어렵다. 수십 년간 과학을 한 나도 일반상대성이론을 수학적으로 기술하지 못한다. 일반상대성이론이 왜 현대 물리학을 성립시키는지조차 잘 모른다. 그럼에도 불구하고 대다수의 사람들이 아인슈타인을 존경하고 사랑한다. 우리가 일상적으로 사용하는 GPS에 일반상대성이론이 활용되었기 때문은 아니다. 과학자로서의 아인슈타인뿐만 아니라 한 인간으로서의 아인슈타인도 매력적이기 때문이다.

그래서인지 우리는 아인슈타인의 어록을 많이 인용한

다. 예를 들면 "우리는 뇌의 10퍼센트만을 쓴다" 같은 것들이다. 그런데 정말로 아인슈타인이 이런 말을 했을까? 뇌과학자들이 지금도 하지 못하는 뇌의 활용률 측정을 그 옛날에 이론물리학자인 아인슈타인이 어떻게 했을까? 아인슈타인의 말과 글을 모은 『아인슈타인이 말합니다(The Ultimate Quotable Einstein)』는 아인슈타인이 '뇌의 10퍼센트' 운운한 적이 없다는 사실을 밝힌다.

또 아인슈타인은 "꿀벌이 사라진다면 인류는 4년 내로 멸종할 것이다"라고 경고한 것으로도 유명하다. 나도 벌이 멸종한다면 결국에는 사람도 살 수 없을 것이라고 생각한다. 그런데 아인슈타인이 이렇게 중요한 이야기를 했는데 이걸 왜 최근에야 듣게 되었는지 궁금하다. 그리고 과학자인 아인슈타인이 '4년'이라는 단정적인 표현을 정말 썼을지 의심스럽다.

『아인슈타인이 말합니다』는 아인슈타인이 이런 말을 했을 가능성도 매우 낮다고 말한다. 이 말은 1994년 '프랑스 전국양봉연합'이 배포한 소책자에 실린 뒤로 여기저기 등장하기 시작했는데, 아마도 아인슈타인이 1951년 12월 12일 '여섯 명의 꼬마 과학자들'에게 "햇빛이 없다면 세상에는 밀도, 빵도, 풀도, 소도, 고기도, 우유도 없을 거야. 그리고 온 세상이 얼어붙을 거란다. 어떤 생명도 없을 거야"라고 보낸 편지를 변형한 것 같다는 것이다.

권위에 도전하고 신화를 부숨으로써 사회를 진보시키

는 역할을 하는 것이 바로 과학인데, 때로는 오히려 권위와 신화를 공고히 만드는 데 과학이 복무하기도 한다.

벌의 세계에 대한 이해도 그중의 하나다. 개미, 꿀벌, 흰개미 같은 사회적 동물은 일꾼과 병정처럼 각기 다른 기능을 수행하도록 분화된 개체들로 복잡한 사회를 구성한다. 사회 집단의 중심에는 여왕이 있다. 여왕은 몸집이 매우 크고 집단의 거의 모든 자손을 생산하며 자기가 생산한 자식의 돌봄을 받는다. 일꾼이 평생 일만 하는 동안 여왕은 알을 낳는 것 외에는 빈둥거리면서 보낸다. 개미와 벌의 세계는 오로지 여왕을 위해 모든 개체들이 봉사할 때만이 사회가 지속가능하다는 것을 보여주는 것 같다.

그런데 벌이나 개미의 세계가 우리가 생각했던 것과는 많이 다르다는 것을 보여주는 연구 결과가 있다. 말벌의 일종인 땅벌의 일벌들은 여왕벌이 마음에 들지 않으면 새로운 여왕벌을 옹립한다. 여왕벌이 다양한 수벌의 정자를 사용하지 않고 한 수벌의 정자만 이용하면 일벌들은 여왕을 살해하고 새로운 여왕벌을 세운다. 여왕을 위한 이타적인 행동만 하는 것으로 알았던 일벌들이 자신의 목적을 위해 여왕벌을 바꾸기도 한다는 사실이 밝혀진 것이다. 하물며 땅벌도 이럴진대 이미 100년 전에 일반상대성이론을 발견한 인류는 어떠해야 할까? 과학은 신화를 공고히 하는 게 아니라 신화를 깨는 데 봉사해야 한다.

"과학자에게는 자유로운 과학 연구를 위해서 정치적으로 적극 나설 의무가 있습니다. (…) 과학자는 (…) 어렵게 얻은 정치적, 경제적 신념을 똑똑히 밝힐 용기가 있어야 합니다."

아인슈타인이 에이브러햄 링컨 탄생 130주년에 한 말이다.

# 우주선 300대 값

유니버스와 코스모스 그리고 스페이스. 세 단어는 모두 '우주'로 번역되지만 뜻은 조금씩 다르다. 유니버스는 천체물리학자들이 바라보는 우주다. 통일된 물리법칙이 작용하는 거대한 공간을 말한다. 코스모스는 신화적인 느낌이 강하다. 카오스, 즉 혼돈의 반대 개념으로 정돈된 곳이다. 여기에 비해 스페이스는 그냥 공간이다.

그렇다, 우주는 텅 비었다. 국립과천과학관의 천문학자 이강환 박사가 옮긴 『우리는 모두 외계인이다(Beyond UFOs)』에는 우주가 빈 공간이란 사실을 실감나게 보여주는 비유가 실려 있다. 태양계를 100억 분의 1로 축소하면 태양의 지름은 14센티미터로 줄어든다. 차례상에 올라가는 커다란 배 정도라고 생각하면 된다. 태양계에서 가장 큰 행성인 목성과 토성은 우리가 어린 시절 가지고 놀던 유리구슬로 표현할 수 있으며 제법 큰 천왕성과 해왕성은 콩알이 된다. 지구 같은 작은 행성은 볼펜 끝에서 빙글빙글 돌고 있는 아주 작은 쇠구슬 정도에 불과하다. 축구장 300개 면적에 배 하나,

유리구슬 둘, 콩알 둘, 그리고 볼펜 심의 쇠구슬 몇 개가 흩어져 있는 게 100억 분의 1로 축소된 태양계다. 그냥 빈 공간, 스페이스라는 말보다 우주를 더 잘 표현할 수 있는 말은 없을 것 같다.

우주는 크고 장엄하지만 우리 인류는 위대하다. 축구장 300개에 흩어져 있는 볼펜 심 쇠구슬에 살고 있는 인류는 눈에 보이지도 않을 작은 우주선을 쏘아 올려서 공간에 흩어져 있는 다른 점들을 정확히 찾아가고 심지어 다시 돌아오기까지 한다. 나에게는 우주여행을 기념하는 몇 가지 숫자가 있다.

720. 아폴로 11호의 달착륙선 이글호는 목표 지점보다 수마일이나 멀어진 지점에 착륙했다. 그때 계기판에는 불과 10초분의 연료만 남은 것으로 표시되고 있었다. 닐 암스트롱은 지구를 향해 이렇게 말했다.

"휴스턴, 여기는 고요의 기지. 이글호는 착륙했다."

그때가 바로 1969년 7월 20일이었다. 이날 얼마나 많은 어린이와 젊은이들이 꿈을 우주까지 확장했을까? 그래서 나는 기쁜 마음으로 720이란 숫자를 기억한다.

613. 오스트레일리아 우메라 사막에 모래 몇 알이 담긴 캡슐 하나가 하늘에서 떨어졌다. 그 사연은 길다. 2003년 5월 9일 일본은 세계 최대 고체연료 로켓 뮤파이브를 발사했다. 여기에는 소행성 탐사선 하야부사가 실려 있었다. 하야부사의 목적지는 지구에서 3억 킬로미터 떨어진 길이 500미터의 작디작은 소행성 이토카와. 하야부사는 이 소행성에 가기

위해 태양을 두 바퀴 돌아 20억 킬로미터를 비행해야 했다. 2005년 11월 26일 하야부사는 단 2초 동안 소행성에 착륙해서 소행성의 모래알을 수집했다. 그러고는 갑자기 지구와의 통신이 두절됐다. 우주 미아가 된 것이다. 그런데 하야부사는 혼자 알아서 지구 대기권에 진입하는 데 성공했고, 소행성의 모래를 담은 캡슐을 사막에 무사히 떨어뜨렸다. 그날은 우리가 남아프리카공화국 월드컵에 정신이 팔려 있던 2010년 6월 13일이었다. 나는 일본에 대한 부러움과 축하의 마음으로 613이란 숫자를 기억한다.

924. 인도는 미국, 유럽연합, 러시아에 이어 네 번째로 화성에 우주선을 보내는 데 성공했다. 인도 화성 탐사선의 이름은 망갈리안. 놀랍게도 인도는 첫 번째 시도에서 화성 궤도에 진입하는 데 성공한 유일한 나라가 되었다. 그런데 더 놀라운 일은 따로 있었다. 인도가 망갈리안 발사에 들인 돈은 불과 768억 원. 망갈리안과 비슷한 시기에 발사된 미국의 화성 탐사선 메이븐 발사에 들어간 7천억 원은 물론이고, 2013년에 공개된 알폰소 쿠아론 감독의 SF 영화 〈그래비티〉 제작비 1,040억 원에도 못 미치는 금액이다. 영화 한 편 제작비도 채 들지 않은 인도 화성 탐사선 망갈리안이 화성 궤도에 진입한 날짜는 2014년 9월 24일. 이명박 정부가 사대강 사업에 투자한 22조 원이면 망갈리안을 300대는 보냈을 것이고, 어쩌면 우리는 화성을 이미 탐사했을지도 모르겠다는 생각에 울분을 터뜨리면서 924란 숫자를 기억한다.

714. 내 뇌리에 새로운 숫자가 하나 더 새겨졌다. 미국 무인 우주 탐사선 뉴호라이즌스호가 명왕성을 불과 1만 2,250킬로미터 떨어져서 스치듯 지나간 것이다. 뉴호라이즌스호가 비행한 거리는 무려 56억 7천만 킬로미터. 빛의 속도로도 5시간 넘게 걸리는 먼 거리다. 태양에서 지구까지 빛이 오는 데 걸리는 8분 20초 혹은 달빛이 지구에 도달하는 데 걸리는 1.2초와 비교해보면 까마득한 거리라고 할 수 있다. 물론 시간도 자그마치 9년 6개월이나 걸렸다. 뉴호라이즌스호를 발사한 2006년 1월 19일에는 명왕성이 아직 행성의 지위를 가지고 있었다는 것을 생각하면 이게 얼마나 긴 시간인지 알 수 있다. 아폴로 11호가 달에 도착했을 때처럼 이번에도 전 세계 사람들이 인터넷 중계를 통해 뉴호라이즌스호가 보내는 고래와 하트 모양의 지형 사진을 볼 수 있었다. 714 역시 아마 잊지 못할 것이다.

720, 613, 924, 714 외에도 기념할 만한 우주여행과 관련한 숫자들이 많이 있다. 젊은이들과 이런 숫자를 들면서 수학과 물리학을 이야기하며 꿈을 키워야 마땅하거늘, 요즘 우리 주변에 떠도는 숫자는 5163이다. 516까지는 익히 알고 있었지만 쿠데타 세력이 한강을 건넌 시간이 새벽 3시라는 것은 이번에 처음 알았다. 516이든 5163이든 이 숫자와 관련된 기관의 행태를 보고 있노라면 우리는 정신을 안드로메다에 두고 온 게 아닌가 싶다. 안드로메다는 너무 멀다. 적당히 하자. 우선 화성까지만 가자.

# 만고의 진리

요즘은 아무 생각 없이 에스프레소 도피오 또는 에스프레소 더블을 주문하지만 녹차라떼만 마시던 시절이 있었다. 돼지가 먹어도 결국 우리 몸에 좋다는 녹차를 섞은 우유 음료를 카페에 앉아 잔잔하게 흐르는 음악을 들으면서 마시는 기분이 삼삼했다. 눈을 감으면 마치 새벽 숲속을 걷는 기분이라고나 할까.

초록은 풀과 나무와 숲의 색이다. 아무리 생물 과목을 싫어하는 사람도 광합성 과정만큼은 긍정적인 시각으로 배운다. 초록에는 햇빛 에너지를 화학 에너지로 바꾸는 비밀의 힘이 있다. 초록은 에너지이고 생명이다. 우리는 초록색 식물 없이 존재할 수 없다. 따라서 녹차라떼를 마시면서 녹색 식물이 가득한 숲이나 강변의 아름다움을 떠올리는 것은 너무나 자연스럽다.

녹차라떼는 행복이다. 하지만 옛날 얘기가 되고 말았다. 아주 먼 옛날은 아니다. 녹색 식물이 가득한 강변은 아름답다. 초록이 짙을수록 아름답다. 그런데 강물마저 초록색이라면, 초록이 짙다 못해 어디가 강물이고 어디가 강변인지 구분할 수도 없다면 더 이상 아름답다는 말을 할 수 없다. 사진으로만 봐도 고약한 냄새가 나는 것 같다. 녹색 식물이 울창한 강변은 아름답고 산소가 샘솟지만 녹조(綠藻)가 창궐하는 강물은 추하고 숨도 쉴 수 없다.

지난 몇 년부터 낙동강이 그랬다. 보(堡)를 열어 흘려보내는 물조차 초록이었다. 영남 지방의 식수원인 낙동강 하구도 초록이었다. 낙동강만 그런 게 아니었다. 금강도 초록이었고 심지어 한강마저도 초록색을 띠었다.

시민들은 강물을 보고 처음에는 녹조라떼라고 불렀다. 해가 거듭할수록 초록은 짙어졌고 그나마 애교라도 있던 녹조라떼라는 비아냥 대신 녹차곤죽이니 잔디밭이니 하는 표현이 쏟아졌다. 어느덧 초록은 죽음의 색깔이 되었다.

4대강 사업을 하고 나면 강이 이렇게 될 줄 몰랐을까? 아니다. 알았다. 모른 척하는 사람들이 있었고 그들은 돈을 벌고 싶었고 그 욕망에 충실했으며 권력자와 뜻이 맞았다.

4대강 사업은 처음부터 거짓말로 점철되었다. 처음에는 남북 방향의 물류에 혁신을 가져오겠다더니 어느새 홍수와 가뭄을 막고 수질을 개선시키는 사업이 되었다. 물류는 누가 봐도 터무니없었고 홍수나 가뭄이니 하는 것에는 유권자들이 별 관심을 보이지 않았다.

이때 전가의 보도가 있었다. IMF 사태 이후 누구나 대놓고 이야기할 수 있는 모토가 있었다.

"부자 되세요."

이명박 정부는 돈으로 유권자를 현혹했다. 4대강 사업으로 34만 명의 일자리가 생길 것이라고 주장했다. 보 공사장에서만 10만 명이 일할 거라고 했다. 그렇게 어마어마한 규모의 공사를 하려면 그 정도의 인원은 필요할 것이라고 믿을 만했다. 그런데 우리가 만리장성을 쌓던 진나라에 사는 것이 아니지 않은가. 보 한 곳의 공사장에 상주하는 인원은 작업 인부와 관리 직원을 포함해서 100~200명 수준에 불과했다. 4대강에 설치한 보는 총 16개다. 여기에서 일한 사람은 많아봐야 1만 명 정도였을 것이다. 4대강 공사를 하는 바람에 사라진 골재채취장 인부를 생각하면 늘어난 일자리는 거의 없다.

토론으로 진행하는 대학교 교양 수업의 어느 날 주제가 '4대강 공사'였다. 대부분의 학생들은 4대강 건설에 비판적이었지만 유독 관광경영학과 학생들은 4대강 공사를 열렬히 환영했다. 4대강 공사가 완공되면 관광, 레저 산업이 활성화될 것이라고 기대했다. 강변에는 호텔이 서고 강에는 유람선이 떠다니며 모터보트에 줄을 매고 서핑을 하는 사람들이 환하게 웃는 장면이 그려진 슬라이드도 보여주었다. 정부가 만들고 전공 교수님들이 학생들에게 나눠준 슬라이드다.

반대 논리에 막힌 찬성파 학생은 공사를 진척시키기 위해 자기가 모래라도 퍼 나르는 노력봉사라도 하겠다고 열변을 토하기도 했다. 어린 시절에 연속극에서 보던 북한 노동당 청년당원의 모습 그대로였다.

22조 원이 들었다는 4대강 사업으로 삶이 좋아졌다는 사람을 보지 못했다. 22만 가구에 그냥 1억 원씩 나누어주었으면 적어도 100만 명의 삶이 바뀌었을 것이다. 아니 그냥 가만히만 있었어도 멀쩡하던 강이 녹조라떼로 변하지는 않았을 것이다.

이명박 정부가 이런 짓을 하는 게 가능했던 이유에는 과학자들의 적극적인 부역이 한몫했다. 4대강 공사로 물이 맑아질 수 있을까? 여기에 대해서는 논란이 있을 수 있다. 그런데 4대강 공사 동안에도 물이 맑아질 수 있을까 하는 질문에는 논란의 여지가 있을 수 없다. 공사를 하다 보면 흙탕물이 이는 것은 당연지사이기 때문이다. 이때 상식에 반하는 데이터가 발표되었다. 아무리 4대강에 찬성하는 과학자라고 해도 데이터를 조작하지는 않는다. 대신 약간의 조건을 조절했을 뿐이다. 공사는 남한강에서 하는데 수질은 북한강에서 측정한 것이다. 데이터 조작은 아니지만 거짓말이다. 과학자가 했다. 물론 그들은 돈을 벌었다.

대부분의 과학자들은 상식적이며 양심에 따라 행동한다. 김정욱 서울대 환경대학원 명예교수는 2012년 이렇게 조언했다.

> "댐을 터라. 가뭄도 해결 못 하고 홍수도 해결 못 하고 물을 썩게 할 따름이다. 댐을 터라. '고인 물은 썩는다'

는 만고의 진리도 모르는 사람들이 무얼 안다고 자꾸 헛발질을 하면서 국토를 난도질하고 국민들을 괴롭히고 나라 곳간을 축내는가? 더 이상 꼼수 부리지 말고 댐이나 터라."

녹조는 4대강 사업이 아니라고 해도 일시적으로 얼마든지 생길 수 있다. 가뭄이 들어 강수량이 줄어들고 없던 보가 생겨나서 물이 흐르는 속도가 느려지고 체류시간이 늘어나면 자연스럽게 녹조 현상이 일어나는 것이다. 어떻게 할까? 간단하다. 댐이나 보를 트면 되는 일이다.

박근혜 정부 초대 환경부장관인 윤성규 박사도 이 점을 인정했다. 그러자 〈한국경제〉와 〈문화일보〉가 들고일어났다. 다른 언론이라고 크게 다르지 않았다. 그들에게 보는 천동설주의자들의 지구와 같았다. 보만 열면 되는데 그걸 못했다. 마치 지구가 태양 주위를 도는 것을 인정하기가 그렇게도 힘들었던 로마 가톨릭교처럼 말이다.

4대강 공사는 막았어야 했지만 이미 지난 일이다. 좋다. 돈 욕심은 인정해준다. 쿠데타도 성공하면 어쩔 수 없다는데 이미 나눠 가진 돈을 어쩌겠는가. 하지만 물은 다시 깨끗하게 해야 하지 않는가. 국토부가 올해부터는 녹조와 수질 악화를 막기 위해 4대강 보 방류를 확대하기로 했다. 물이 멈춰 있는 시간을 줄이기 위해 보의 수위를 인근 지하수에 영향이 없는 수준까지 낮추기로 했다. 지금이라도 다행이다.

최순실의 국정농단 사태를 보면서 4대강 사업 농단세력도 둘러보고 싶어졌다. 같이 돈을 나눠 가진 사람, 이들에게 과학으로 포장한 데이터를 제공한 사람, 이명박을 칭송하고 환경전문가들에게 윽박질렀던 언론인들의 명단을 찬찬히 살펴봐야 한다. 아마도 그들은 새로운 먹잇감을 찾고 있을 것이다.

우리 강에 맑은 물이 흐르는 날이면 독한 에스프레소 대신 부드러운 녹차라떼를 다시 마음 편하게 마실 수 있을 것 같다.

( 4 부 )

# 같이 좀 삽시다

# 자연사를 원하시나요?

"1969년 이화여자대학교에 우리나라 최초의 자연사박물관이 세워지고 2003년에는 우리나라 최초의 공립 자연사박물관인 서대문자연사박물관이 개관하면서 한국 박물관 역사에 새로운 시대가 열렸습니다."

이렇게 얘기하면 동감을 불러일으키기는커녕 실없는 사람으로 보일 때가 있다. 아직도 우리나라에는 자연사박물관이라는 게 있는지 모르는 사람이 더 많은데다가 두 박물관의 이름도 처음 들어보는 분들이 태반이기 때문이다.

자연사박물관이 박혀 있는 내 명함을 받고서 이렇게 묻는 분들이 많았다.

"자연사가 뭐예요?"

자연사는 自然死가 아니라 自然史이지만, 나는 장난기가 발동하면 이렇게 대답하곤 했다.

"사고사나 병사가 아니라 자연사한 생물을 전시하는 곳입니다."

물론 이 농담을 곧이곧대로 받아들이는 사람은 없다.

많은 분들이 농담을 재치 있게 받아주신다.

"자연사 좋네요. 저도 자연사하고 싶어요."

그러면 나는 정색을 한다.

"정말로 자연사하고 싶으세요? 동물의 세계에서 자연사는 잡아먹히는 것 아니면 굶어죽는 것인데요?"

우리가 생각하는 자연은 평화롭고 온화하다. 푸른 초원과 꽃, 사슴과 폭포수, 이슬을 먹고 있는 달팽이, 그린벨트, 유기농 식품 같은 것이다. 과연 그럴까? 자연은 잔혹하다. 멀리서 본 풍경은 아름답지만 들여다보면 냉혹이 지배하는 곳이다.

실제 자연의 모습을 몇 장면 소개하겠다. 벌레부터 시작해보자. 박쥐 전문가인 댄 리스킨(Dan Riskin)이 쓴 충격적인 생태계 보고서 『자연의 배신(Mother Nature Is Trying to Kill You)』에는 이름처럼 예쁘게 생긴 보석말벌 이야기가 나온다. 보석말벌은 바퀴벌레 몸속에서 일생을 시작한다. 어미말벌은 바퀴벌레를 침으로 쏘아 마비시킨 후 둥지로 끌고 와 그 안에 알을 낳는다. 말벌 애벌레는 부화되자마자 옴짝달싹 못하는 바퀴벌레의 몸속을 헤집고 다니면서 갉아먹는다. 물론 가장 좋아하는 부위는 내장이다. 자연에서 먹고 먹히는 게 어찌 보면 당연해 보이지만 끔찍한 것은 애벌레가 성체 말벌이 되어 바퀴벌레 몸을 뚫고 나오는 마지막 순간까지도 바퀴벌레는 살아있다는 사실이다. 그제야 바퀴벌레가 죽는다. 이게 자연사다. 우리가 보는 자연은 반쪽짜리 허구다.

서대문자연사박물관 2층에는 박물관이 자랑하는 '한국의 상어' 코너가 있다. 여기서 가장 인기 있는 상어는 흰배환도상어다. 전체 길이의 절반이나 되는 날렵하게 뻗어나간 꼬리가 아주 멋지다. 관람객이 상어의 매력에 푹 빠져들 무렵 진실을 알려준다. 흰배환도상어는 알이 아니라 어미 배에서 태어난다. 알 대신 자궁에 있는 알주머니에서 새끼가 자라는 것이다. 배아들은 자라면서 어미 뱃속에 있는 달걀노른자 같은 난황에서 영양분을 공급받는다. 하지만 언제나 그렇듯이 자원은 부족하다. 가장 먼저 자란 첫째 새끼 상어는 어미 뱃속에서 다른 알주머니를 먹는다. 그것도 모자라면 나중에 태어난 동생들을 먹는다. 결국 태어나는 새끼는 두어 마리에 불과하다.

파충류는 죽을 때까지 자란다. 따라서 악어의 크기에서 우리는 악어의 나이와 집단 내 서열을 알 수 있다. 악어 집단에서 서열 1위와 2위의 몸집 차이는 상당하다. 그렇다고 해서 서열 1위 악어의 사냥기술이 뛰어난 것은 절대로 아니다. 악어들은 물속에 들어가 숨을 꾹 참고서 영양 같은 먹잇감이 접근하기를 지루하게 기다린다. 목마른 영양이 다가와 물을 먹는 순간, 악어는 모든 에너지를 쏟아 달려든다. 하지만 실패의 연속이다. 악어가 자기를 노리고 있다는 사실을 이미 알고 있는 영양 역시 온힘을 다해 도망치기 때문이다. 에너지를 다 소모한 악어는 이제 한참을 쉬어야 한다. 악어는 아주 가끔 먹잇감을 무는 데 성공한다. 물속으로 끌고 들어가 몸을 프로펠러처럼 돌리면서 먹잇감을 익사시키고 이제 뜯어먹을라치면 햇볕을 받으며 휴식을 취하던 서열 1위 악어가 다가와 먹잇감을 빼앗아간다. 배신이다. 낮은 서열의 악어들은 반항하지 못한다. 덩치의 차이가 워낙 큰데다가 사냥하느라 이미 에너지를 다 소진했기 때문이다. 결국 서열 1위 악어는 점점 더 커지고 서열이 낮은 악어들은 항상 배고프다.

사자도 마찬가지다. 암사자들이 죽어라 사냥을 나가서 어쩌다 한번 성공하면 수사자가 가장 먼저 맛있고 소화 잘되는 내장을 파먹는다. 배신이다. 암사자와 새끼 사자들은 어찌하지 못한다. 수사자와 다른 사자들의 영양 차이는 점점 커진다. 하지만 수사자도 언젠가는 이빨이 빠지고 만다. 이빨 빠진 수사자는 하이에나 떼의 밥일 뿐이다. 같은 집단의 사자들이 지켜주지 않는다. 동물의 왕국에는 우두머리에 대한 충성심이나 애틋함 따위는 존재하지 않는다. 만약 그렇다면 그 집단은 다음 세대로 이어지지 못할 것이다. 동물의 왕국은 배신의 연속으로 이어진다. 자연에 평화로운 죽음이란 없다. 그것이 바로 자연사다.

인간은 가장 비자연적인 동물이다. 아무리 잔인하다고 하더라도 살아있는 소의 내장을 파먹지는 않으며 아무리 배가 고프다고 해서 한배에서 자란 쌍둥이 동생을 잡아먹지도 않는다. 인간사는 기본적으로 계약과 신뢰로 이루어져 있다. 설사 배신이 있다 하더라도 그것은 동물의 왕국에서 일어나는 일에 비하면 배신이라고 할 수도 없다.

동물의 왕국에서는 오직 서열 1위만이 행복하다. 서열 1위도 언젠가는 처참하게 자연사하고 서열 2위가 그 자리를 차지하며 그 역사는 끝없이 반복된다. 인간 사회가 동물의 왕국과 다른 것은 서로 존중하고 공정한 규칙 안에서 경쟁하고 협력하기 때문이다. 동물의 왕국이 재미있다고 인간 사회마저 동물의 왕국처럼 만들면 안 된다. 자연을 반면교사로 삼고 인간 사회를 더욱 명랑한 곳으로 만들려고 고민하기 위해 필요한 곳이 바로 자연사박물관이다.

# 귀신고래

먼 옛날, 동해 바닷가에 연오랑과 세오녀 부부가 살았다. 부부는 바위를 타고 신라를 떠나 일본의 어떤 섬에 도착해서 왕과 왕비가 되었다. 바로 그때 신라에서는 해와 달이 빛을 잃는 사건이 일어났다. 이 설화는 고려시대에 쓰인 태양신 설화의 한 부분이다.

그런데 어떻게 바위를 타고 바다를 건넜을까? 설화 연구가들은 귀신고래가 그 주인공일 가능성이 크다고 본다. 귀신고래는 몸이 회색으로 얼룩져 있고 등에 따개비와 굴이 잔뜩 붙어 있어서 바위처럼 보이기도 한다. 설화에 등장할 정도면 귀신고래가 동해안에 얼마나 흔했을지 충분히 짐작할 만하다. 비록 1977년 이후로는 동해안에서 단 한 마리도 관찰되지 않지만 말이다.

귀신고래라는 이름은 사나운 포식자인 범고래 때문에 생겼다. 귀신고래는 범고래 떼의 공격을 피해 수심이 얕은 해안가의 암초 사이로 다닌다. 보통 1분에 2~3번씩 호흡을 하고 길어야 3~5분을 넘기지 못할 정도로 숨을 오래 참지 못한다. 암초 사이에서 자맥질을 하던 해녀들은 바위틈에 자주 머리를 빼꼼 내밀고 숨을 쉬다가 감쪽같이 사라지는 커다란 고래에 기겁하곤 했다. 덕분에 귀신고래라는 이름이 붙었다.

서양에서도 좋은 이름을 얻지는 못했다. 귀신고래를 영어권에서는 '악마 물고기'라고 불렀다. 숨을 오래 참지 못하기 때문에 좋은 사냥감인 귀신고래가 포경선에 아주 사나운 반응을 보였기 때문이다.

귀신고래에게 '회색고래'라는 공정한 이름을 붙여준 사람은 미국자연사박물관의 로이 채프먼 앤드루스다. 그는 조선에 와서 2년간 악마 물고기를 연구한 후 귀국해 1914년 논문을 썼는데 이때 '한국계 회색고래'라고 명명했다. 그는 1923년 미국자연사박물관 팀을 이끌고 몽골의 고비사막에서 세계 최초로 과학적 탐사를 했다. 이때 공룡 화석을 발굴하면서 고비사막은 공룡의 낙원으로 전 세계에 알려졌다.

소련이 가만히 있을 리가 없었다. 소련 역시 1940년대에 대규모 탐사대를 꾸려서 티라노사우루스의 사촌뻘인 타르보사우루스를 발굴하는 데 성공했다. 타르보사우루스는 '놀라게 하는 도마뱀'이란 뜻이다.

고비사막에서 가장 큰 업적을 이룬 탐사대는 1970년대의 폴란드 공룡 탐사대였다. 폴란드 탐사대는 꾸준한 탐사를 통해 다양한 공룡의 완벽한 화석을 발굴하여 전 세계적인 이목을 끌었다.

그렇다면 우리나라는 어떨까? 한국지질자원연구원의

지질박물관장인 이융남 박사와 이항재 연구원은 2006년부터 2011년까지 5년간 몽골 고비사막을 탐사했다. 탐사 성과물 가운데는 데이노케이루스 표본도 있었다. 1965년 고비사막에서 두 앞발 화석만 발견된 후 나머지 화석이 전혀 발견되지 않아 미궁에 빠져 있던 공룡이었다. 이융남 박사 연구팀의 노력으로 50년 동안 베일에 덮여 있던 데이노케이루스의 정체가 밝혀졌고 이들의 논문은 2014년 〈네이처〉지에 게재되었다.

한국지질자원연구원의 지질박물관 연구팀은 매년 고비사막을 탐사해왔다. '고비 공룡 지원단'이라는 이름으로 진행되는 이 탐사는 한국-일본-몽골 연구팀이 함께 하는데, 한국과 일본의 경우 공룡을 사랑하는 아마추어 애호가들이 함께 한다는 점이 특징이다. 일본 탐사대는 대부분 노련하다. 직장에서 은퇴한 후 10여 년씩 탐사를 계속하는 경우가 많다. 한 일본 대원은 자연사박물관의 명예관장인데 일본 탐사대장의 스승이었다. 이제 제자의 지도를 받으며 그의 연구를 지원하고 있는 셈이다. 이에 비해 우리나라 탐사대에는 20~30대의 젊은이들이 많다. 현생 동물의 뼈와 공룡의 화석을 구분도 못하는 채로 고비사막에 도착하지만 금방 익숙해지고 과학자들보다 오히려 화석을 더 잘 찾기도 한다. 공룡에 대한 애정이 넘치기 때문이다.

나는 지질박물관이 주관하는 이 탐사가 과학관과 자연사박물관의 모범이라고 생각한다. 대부분의 과학관과 자연사박물관의 역할은 전시 휴게공간에 그친다. 시민들은 과학관과 자연사박물관에 와서 멋진 전시물을 보고 사진을 찍고 과학에 대한 경이감을 가지고 돌아간다. 과학자가 되겠다는 꿈을 꾸게 된 아이들도 있지만 '과학은 정말 어려운 거구나'라는 좌절감을 느끼는 시민들도 있다.

한 단계 더 나아가 과학관과 자연사박물관을 시민이 직접 과학을 하는 곳으로 만들면 어떨까? 과학관에 와서 보고 감탄하는 데 그치는 것이 아니라 실제 실험과 공작을 하고, 자연사박물관에 와서 화석과 박제를 보고 배우는 데 그치는 것이 아니라 실제로 고생물학자들과 함께 탐사를 하는 것이다. 과학의 발전은 구경과 학습이 아니라 실험과 관찰에서 비롯되기 때문이다.

# '깍두기'의 과학

"해껏 놀아라."

놀이터에서 신나게 놀고 있는데 동네 할머니가 창밖으로 고개를 내밀고 말씀하셨다. 우리는 할머니가 '한껏'을 '해껏'으로 잘못 발음하신 거라고 생각했다. 해가 넘어가면 그만 놀고 집으로 가라는 말씀을 더 신나게 마음껏 놀라는 말로 오해한 것이다. 하지만 할머니는 더 이상 말씀이 없으셨고 우리는 한참이나 더 떠들고 놀았다.

놀이터라고 해서 특별한 건 없었다. 비가 오면 질퍽대는 공터에 삐걱대는 그네 두 개, 한겨울이나 한여름에는 너무 차갑거나 뜨거워서 손도 댈 수 없었던 야트막한 철제 미끄럼틀, 그리고 칸마다 다른 색깔이 칠해져 있는 정글짐이 전부였다. 가장 중요한 놀이기구는 공터 자체였다. 그 빈 땅에서 우리는 오징어, 우리 집에 왜 왔니, 무궁화 꽃이 피었습니다, 술래잡기, 구슬치기와 딱지치기, 사방치기와 자치기, 심지어 축구와 야구까지 했다. 지금 생각하면 그 작은 놀이터에서 어떻게 그리도 많은 놀이를 했는지 놀랍다.

놀이터에는 오줌도 혼자 누기 어려운 꼬마부터 침 좀 뱉는 '노는' 동네 형까지 열 살 이상 차이가 나는 아이들이 들락거렸다. 노는 동네 형들도 다양했다. 작은 아이들의 장난감을 빼앗아 가지고 놀다가 심드렁해지면 아무렇게나 던져주거나 말을 잘 듣지 않으면 때리고 보는 못된 형이 있는가 하면, 그런 형들로부터 아이들을 지켜주는 착한 형도 있었다. 누나들은 모두 다 예뻤다. 놀이터에는 위계질서가 있었으며 질서에 따른 책임과 권한이 있었다. 놀이를 선택한 형들은 놀이를 재밌게 만들기 위해 양보와 보호를 해야 했다.

이사를 가면 으레 놀이터에 가서 신고를 했다. 동네마다 놀이 규칙이 조금씩 달랐다. 어떤 동네는 외발뛰기를 하다가 발을 바꿀 수 있는데, 어떤 동네에서는 발 바꾸기는 절대 금지 사항이었다. 새로 이사 온 아이가 자기가 살던 동네 규칙을 주장해봐야 소용없는 게 보통이지만 간혹 딴 동네 규칙이 수용되기도 했다. 아이들은 어떤 게 재밌는지 금방 알아차렸기 때문이었다.

어느 놀이터에나 있는 공통적인 제도가 있으니 바로 '깍두기'였다. 놀다 보면 같이 놀기에 적당하지 않은 어린 동생이나 약한 친구들이 있기 마련이다. 자기들끼리만 놀고 싶지만 동생을 돌봐야 하는 처지이므로 규칙도 제대로 이해하지 못하고 또 힘도 약한 꼬마들을 놀이에 끼워주는데 온갖 규칙에서 예외를 시켜주었다. 동생들이 자랄수록 면제되는 규칙들이 줄어들었고 어느 정도 자라면 같은 동무가 되었다.

놀이터는 으레 다치는 곳이었다. 구르고 있는 그네 앞을 지나다가 머리가 부딪히기도 했고, 그네를 높이 구르다 뒤로 자빠지기도 했다. 정글짐에서는 한두 번 떨어진 게 아니다. 우리들은 다치면서 자랐다. 그러면서도 무탈하게 컸다. 놀이터는 사회를 배우고 규칙을 만들며 위험을 감수하는 곳이었다.

그렇다. 놀면서 사회를 배우고, 스스로 규칙을 만들며, 위험을 감수하는 것. 이것이야말로 호모 사피엔스의 결정적인 장점이다. 호모 사피엔스는 모든 동물 가운데 유년기가 가장 길다. 부모는 자식들을 오랫동안 돌봐야 하며 자식들은 성장하기 전까지 한참을 놀았다. 이에 반해, 네안데르탈인은 가능한 한 빨리 자라서 연장자의 자리를 채워야 했다. 그들은 유년기가 훨씬 짧았다. 유년기는 놀면서 배우고 사회성과 창의력을 개발하는 시기다. 네안데르탈인은 호모 사피엔스에 비해 인지능력이 현저히 떨어질 수밖에 없었다.

21세기의 현대인은 성인으로 독립하기까지 지난 세기보다 훨씬 더 긴 시간이 필요하다. 하지만 유년기는 극히 짧아지고 있다. 놀면서 스스로 터득하고 위험을 감수하는 기회가 사라지고 있다. 네안데르탈인의 길을 걷고 있는 셈이다.

# 동네 축제

2016년 6월 11일 저녁, 영국 첼트넘의 공원 임페리얼 가든에 세워진 대형천막 안에 사람들이 가득 모였다. 유럽 최대의 축구 이벤트인 유로 2016 본선에 진출한 잉글랜드의 첫 경기가 열리는 시간이었다. 성인 수백 명이 숨을 죽인 채 무대 위에 설치된 커다란 스크린을 바라보고 있었다. 이들이 기다리는 것은 킥오프가 아니었다. 수학자 맷 파커가 등장하자 우레와 같은 박수가 쏟아졌다. 이어서 8분여에 걸쳐 맷 파커의 원맨쇼가 펼쳐졌다. 나는 이날 태어나서 처음으로 수학 스탠딩 코미디를 경험했다. 자신의 쇼를 마친 맷 파커는 다양한 분야의 과학자들을 무대에 세웠고 이들은 과학쇼를 보여주었다. 두 시간이 어떻게 흘렀는지 모른다. 천막을 빠져나온 청중들은 그제야 잉글랜드와 러시아의 경기가 1 대 1로 끝났다는 사실을 스마트폰으로 확인했다.

첼트넘은 런던에서 차로 두 시간 정도 떨어져 있는 인구 12만의 작은 도시다. 첼트넘에서는 매년 세 차례 페스티벌이 열린다. 4월의 재즈 페스티벌, 6월의 과학 페스티벌 그리고 10월의 문학 페스티벌이 그것이다. 이 가운데 과학 페스티벌은 영국문화원이 주관한다. 전 세계의 젊은 과학자들이 이곳에 초대된다. 나도 영국문화원의 초대로 젊은 과학도 두 명과 함께 페스티벌에 참가했다.

영국문화원이 전 세계의 과학자들을 초대하는 것을 보니 어마어마하게 화려한 페스티벌일 거라고 생각했다. 이 생각은 행사장이 저 멀리 보일 때부터 착각이라는 게 드러났다. 첫날에는 커다란 천막 일곱 개와 작은 천막 여섯 개가 전부였다. 물론 타운홀에 커다란 전시장과 강연장이 있었고 인근 여자고등학교의 멋진 강당이 강연장으로 제공되긴 했다.

모든 행사에는 의전 절차가 있기 마련이다. 개막식에 참여해서 높은 사람들의 지루한 연설을 듣고 뜬금없는 비보이 공연을 관람할 마음의 준비쯤은 하고 갔다. 하지만 그런 것은 없었다. 정말이다. 개막식, 폐막식, 연설 따위는 없었다.

천막은 정확히 아침 9시에 열렸고, 사람들은 다짜고짜 천막 안으로 들어가서 과학자들과 만났다. 해설사, 아르바이트생, 고등학교 과학 동아리 학생이 아니라 과학자들이 관람객을 맞았다. 그들에게는 마이크가 없었다. 맨 목소리가 전달되는 대여섯 명의 관람객들과 '이야기'를 나누었다. 과학적 원리가 설명되어 있는 패널들이 세워져 있었지만 그건 중요하지 않았다. 관람객들은 책에도 나오는 내용을 읽으러 온 게 아니라 과학자들과 만나러 온 것 같았다. 이야기가 끝난 후 같이 사진 찍자는 사람도 없었다. 자기 이야기가 끝나면 얼른 다음 사람에게 과학자를 넘겨주었다.

과학 페스티벌은 크게 세 덩어리로 나뉘어 진행되었다. 평일 오전 9시부터 오후 2시까지는 단체로 온 초중고등학생들을 위한 시간이다. 학생들은 버스를 타고 왔지만 이들을 위해 공원 옆에 버스를 세우게 하는 편의제공 같은 것은 없었다. 학생들과 교사는 두 블록쯤 떨어진 곳에 내려서 걸어왔다. 하긴 두 블록 정도 걸으면 어떤가. 초등학생들은 우리와 다를 바 없이 인솔 교사를 졸졸 따라다녔고 중학생들은 미션을 해결하는 방식으로 페스티벌을 즐겼으며 고등학생들은 과학자들과 긴 시간 동안 이야기를 나누었다. 자신의 진로를 과학자들과 상담하는 모습도 많이 볼 수 있었다. 오후 2시가 되면 그 많던 아이들은 싹 사라졌다.

이제 성인들의 시간이다. 대부분이 노인이었다. 인구 12만의 작은 도시에 이렇게 많은 노인들이 있을 줄은 상상도 못했다. 강연장을 가득 채운 사람들은 거의가 60대 이상의 노인이었다. 40~50대는 소수였으며 20~30대는 더 적었다. 한 시간짜리 프로그램의 입장료는 우리 돈으로 1만 원에서 2만 5천 원 정도다. 이런 강연과 워크숍이 일주일 동안 130개 정도 열렸다. 좁고 불편하기 짝이 없는 의자에 한 시간씩 앉아 있어야 하는 고역을 감내할 수 있었던 것은 보고 싶었던 과학자들을 코앞에서 만날 수 있기 때문이다. 건강이 좋지 않은 리처드 도킨스도 빨간색, 하늘색 짝짝이 양말을 신고 무대에 섰다. 나는 해부학자 앨리스 로버츠를 세 번이나 만

날 수 있어서 좋았지만 정작 좋은 정보는 아직 유명세를 얻지 못한 젊은 과학자들에게서 얻었다.

강연이 끝난 후 강사는 다른 천막에 마련된 서점으로 옮겨가서 사인회를 했다. 사진을 같이 찍고 싶으면 사인회가 끝날 때까지 기다리면 되지만 그런 사람은 한두 명에 불과했으며 그 시간에 맥주를 즐겼다.

주말이 되자 페스티벌의 모습이 다시 바뀌었다. 가족 단위의 관람객들이 많았다. 어린 아이를 데리고 온 부모와 조부모 그리고 시간을 내서 찾아온 20~40대 관람객들이 중심이 되었다. 관람객 층이 달라지자 프로그램도 달라졌다. 과학자들은 아주 단순한 것들을 설명했고 아이들은 아주 단순한 체험을 하면서 행복해했다. 그들은 불평하는 대신 감사를 표했다. 주최 측 사람들 누구도 민원을 두려워하는 것처럼 보이지 않았고 그들도 스스로 페스티벌을 즐겼다.

내가 체트넘 페스티벌에서 감명받은 것은 전시나 강연이 아니었다. 그 정도는 우리나라에서도 충분히 경험할 수 있다. 가장 인상적이었던 것은 규모였다. 우리에게 필요한 것은 서울 과학 페스티벌이 아니라 노원 과학 페스티벌 또는 봉천 과학 페스티벌 같은 동네 축제인 것 같다. 쉽게 접근하고 즐길 수 있어야 한다. 페스티벌을 주최하는 과학자들도 즐거워야 한다. 우리도 이제 개막식 따위는 집어치우자.

# GM 모기 선거

"사람에게 가장 위험한 동물은 무엇일까요?" 이렇게 물으면 대부분의 사람들은 "사람"이라고 대답한다. 사람이 사람을 그렇게 나쁘게 보면 되겠는가! 사람에게 가장 위험한 동물은 사람이 아니라 모기다. 매년 모기 때문에 목숨을 잃는 사람이 70~75만 명에 이른다. 사람이 사람에게 두 번째로 위험한 동물이기는 하다. 하지만 사람에 의해 목숨을 잃는 사람은 거의 절반에 가까운 40~45만 명 수준에 불과하다. 다행히도 1등과는 격차가 큰 2등이다.

설마 사람이 모기에게 피를 빨려서 죽기야 하겠는가? 체중이 기껏해야 2밀리그램밖에 안 되는 모기가 피를 빨아먹어야 얼마나 먹겠는가? 문제는 빨아먹는 피가 아니다. 우리가 식사를 할 때 파리가 달려들면 손을 휘저어서 쫓는 이유를 생각하면 된다. 파리가 훔쳐 먹는 음식이 아까워서 파리를 쫓는 게 아니다. 파리가 음식에 남겨놓는 균들이 무서워서 파리를 쫓는 것이다. 모기도 마찬가지다. 모기가 빨아먹는 피가 아까운 게 아니라 피를 빨아먹는 과정에서 우리 몸에

남기는 바이러스가 무서운 것이다.

모기는 약 8천만 년 전에 지구에 등장했다. 영화 〈쥬라기 공원〉에서는 공룡 피를 빨아먹은 모기 화석에서 공룡 DNA를 뽑아낸다고 하지만 실제로 모기에 물려볼 기회가 있었던 공룡들은 중생대 최후의 시대인 백악기 후기 공룡들, 예를 들면 티라노사우루스와 트리케라톱스 같은 것뿐이다. 정작 쥐라기에 살았던 브라키오사우루스나 스테고사우루스 같은 공룡은 모기에 물려볼 기회조차도 없었던 것이다.

모기가 사람들과 함께 살기 시작한 것은 대략 200만 년 전의 일이다. 호모속(屬)이 살고 있을 때다. 이때부터 모기는 인류에게 가장 큰 위협이었다. 이후 50만 년 전경부터 불을 일상적으로 사용하게 된 호모 에렉투스들은 일단 추운 곳으로 이주한다. 모기 같은 벌레가 적은 곳을 찾은 것이다. 그래봤자 모기를 피할 수는 없었다. 모기가 우리에게 남기는 병은 뇌염, 뎅기열, 황열병, 말라리아처럼 죄다 심각한 것들이다. 바이러스로 유발된 질병들이 대부분 그렇듯이 이렇다 할 치료약도 없다.

지구온난화 덕분에 모기는 점령지를 점차 확대하고 있으며 온대지방에서도 활동기간이 늘었다. 나는 11월에 들어서도 모기에 물렸다. 아무 모기나 동물을 무는 게 아니다. 임신한 암컷만 피를 빨아먹는다. 알에게 먹이기 위해 목숨을 건 모험을 하는 것이다. 모기의 모성애는 모기에게만 고상할 뿐 내게는 철천지원수의 짓이다. 모기가 동물을 찾는 수단은 크게 세 가지다. 땀 냄새와 체온 그리고 이산화탄소다. 땀과 체온은 몸을 씻으면 해결할 수가 있지만 이산화탄소는 어떻게 해볼 도리가 없다.

해볼 도리가 없는 일을 해보는 게 과학자의 일이다. 과학자들은 모기 퇴치에 모기를 이용할 방법을 궁리했다. 과학자들은 모기의 오르코 유전자에 돌연변이를 일으켜서 이산화탄소가 있어도 사람 냄새를 잘 맡지 못하는 모기를 만들었다. 보통 모기들은 다른 짐승보다 사람을 더 선호하는데 이 돌연변이 모기는 사람보다 다른 동물을 더 좋아한다. 그래봤자 소용없다. 도시에 살고 있는 사람 주변에는 다른 짐승들이 없고 사람은 숨을 쉬어야만 하며 그때마다 이산화탄소가 배출되기 때문이다. 그래도 돌연변이를 일으켜서 모기의 피해를 막겠다는 아이디어는 쓸 만했다.

요즘 가장 유명한 모기는 뭐니뭐니 해도 이집트숲모기(Aedes aegypti)다. 그동안에도 악명 높던 뎅기열과 말라리아 그리고 황열병, 치쿤구니아 바이러스의 매개자인데다가 최근에 유행하는 지카 바이러스의 숙주이기 때문이다. 매년 뎅기열에 감염되는 사람은 5천만 명이다. 다행히 치사율은 낮아서 매년 1만 2천 명 정도가 뎅기열로 사망한다.

옥스퍼드 대학 동물학과의 스타 3인이 만든 생명공학 회사 옥시텍(Oxitec)은 유전자를 변형한 수컷 모기를 만들어냈다. 이 수컷과 교미한 암컷이 낳은 애벌레들은 유전자의 발현을 억제하는 단백질인 tTA 유전자를 가지고 있어서 어른 모기로 자라지 못한다. 이 유전자 조작(GM) 수컷 모기 수를 늘리면 암컷이 다른 수컷들과 교미할 기회가 줄어들 테고 결국 모기의 수가 크게 줄어들게 될 것이라는 게 옥시텍의 주장이다. 실제로 옥시텍은 영국령 케이맨 제도에서 실험한 결과 3개월 만에 야생 모기의 수가 80퍼센트나 줄어들었다고 주장했다.

이 발표에 자극받은 파나마 정부는 2014년 2월 수천 마리의 GM 모기를 파나마 시에서 서쪽으로 18킬로미터 떨어진 아리이한 지역 3곳에 방출했다. 브라질 정부도 3개월에 걸쳐 수백만 마리의 GM 모기를 방출했다.

결과는 썩 좋지 않았다. 6개월 후 뎅기열 환자가 줄어들기는커녕 더 늘었다. 이집트숲모기 개체 수는 95퍼센트나 줄었는데 뎅기열 환자가 더 늘어나자 면역력이 생긴 새로운 변형 모기가 등장한 것이 아닌가 하는 우려도 나오고 있다.

그럼에도 많은 나라가 옥시텍의 GM 모기 개발 기술 도입을 검토하고 있으며 옥시텍은 2015년 9월 합성생물학에 특화된 미국의 생명공학회사인 인트렉슨(Intrexon)에 인수되어 다양한 GM 해충을 개발하고 있다.

2016년 11월 8일, 미국에서는 45대 대통령을 선출하기 위한 선거가 실시되고 있었다. 이날 플로리다 주 먼로카운티 지역의 유권자들은 특이한 질문이 적혀 있는 투표용지를 한 장 더 받았다. "당신은 키헤이븐에서 실시하려는 GM 모기를 이용한 실험에 찬성하십니까?" 키헤이븐은 먼로카운티 남쪽에 있는 작은 섬으로, 바다를 사이에 두고 중남미와 마주 보고 있는 지역이었다.

사실 이미 수개월 전에 미 식품의약국(FDA)은 옥시텍의 프로젝트를 승인했지만 주민들과 환경단체들의 반대가 거세지자 GM 모기 방출에 대한 의견을 시민들에게 물었던 것이다. 찬성론자들은 GM 모기 수컷이 모기 개체수를 줄여줄 뿐만 아니라 사람 피를 빨지 않는 수컷이기 때문에 안전하다고 주장했다. 반대론자들은 모기들이 사라지면 박쥐의 먹이가 없어지는 등 생태계에 영향을 줄 수 있을 뿐더러 GM 모기에는 잠재적인 위험이 숨겨져 있을 것이라고 주장했다. 여하튼 주민 투표 결과 찬성 57퍼센트로 GM 모기 살포가 결정되었고, 12주에 걸쳐 480만 마리가 키헤이븐에 살포되었다.

# 마지막 생존 보호처

“맑은 향기를 머금은 따스한 정종 한 잔처럼 인생에 찾아든 사랑 이야기.”

시인이자 철학자인 서동욱 교수는 일본 만화의 거장 다니구치 지로의 대표작『선생님의 가방』을 이렇게 평했다. 그렇다. 다니구치 지로를 만든 것은 사랑이었다.

그 출발점은 작가의 성장기라고 할 수 있는『겨울 동물원』이라는 작품에서 엿볼 수 있다. 그런데 정작 이 작품에서는 동물원의 풍경이 그려지지 않는다. 그럼에도 불구하고 독자는 만화를 보는 내내 겨울 동물원 풍경에 따뜻하게 안겨 있는 착각에 빠진다. 동물원은 그런 곳이다. 동물원이라는 말만 들어도 평화롭고 사랑스럽다. 직장인 밴드 ‘동물원’의 노래가 그렇고, 〈미술관 옆 동물원〉이라는 영화도 마찬가지다.

그러나 실제 동물원은 꽤나 참혹한 곳이다. 2014년 2월의 일이다. 덴마크 코펜하겐 동물원은 ‘마리우스’라는 이름의 18개월 된 어린 수컷 기린을 볼트건으로 사살했다. 다른 암컷 기린과의 근친교배를 막는다는 이유였다. 사실 근친교

배로 태어난 생명체는 일반적으로 질병에 취약하긴 하다. 이때 사람들은 동물원의 변명이 터무니없다고 생각했다. 근친교배를 막을 수 있는 방법은 얼마든지 있다고 여긴 것이다. 사실 유럽의 다른 동물원에는 이미 700마리 이상의 기린이 있으며 이들 중 대다수가 마리우스의 형제자매들이었다. 그럼 아프리카 야생으로 되돌려 보낼 수도 있지 않았을까? 이 또한 힘든 일이었다. 야생 적응 훈련을 받지 못한 동물에게는 사형선고나 마찬가지였다. 코펜하겐 동물원의 정책은 나름대로 타당한 것이었다.

정작 충격적인 일은 따로 있었다. 동물원은 어린이 관람객들이 지켜보는 가운데 기린 사체를 해체했다. 물론 여기에도 이유는 있었다. 동물원은 기린에 관한 해부학적 지식을 제공하기 위해서라고 밝혔다. 이는 사실과 다르다. 그들은 해부를 한 게 아니었다. 단지 조각조각 잘라냈을 뿐이었다.

이게 전부가 아니다. 동물원은 조각난 기린 사체를 사자에게 먹잇감으로 던져줬다. 그들이 약물주사를 이용해서 마리우스에게 고통 없는 안락사를 허락하는 대신 볼트건을 써서 고통 속에서 죽게 한 이유는 약물로 죽이면 사체가 오염돼 먹이로 쓸 수 없기 때문이다. 동물원은 기린의 개체 수도 줄이고 육식동물에게 먹일 고기도 필요했다.

기린을 잡은 동물원인데 사자라고 잡지 못할까? 코펜하겐 동물원은 마리우스를 죽인 지 불과 한 달여 후에는 사자 네 마리를 한꺼번에 도살했다. 늙은 사자 두 마리와 새끼 사자 두 마리였다. 이번에도 이유는 있었다. 동물원은 새로운 젊은 수사자 한 마리를 위한 공간이 필요했다. 늙은 두 마리는 세대교체를 위해 사라져야 했다. 새끼 사자 두 마리는 어차피 젊은 수사자에게 죽임을 당할 게 틀림없으니 안전하게 죽인다는 게 동물원의 주장이었다.

코펜하겐 동물원이 유별나게 잔인한 동물원일까? 그렇지 않다. 코펜하겐 동물원은 유럽의 345개 동물원과 수족관이 소속된 유럽동물원수족관협회(EAZA)의 지침을 따랐을 뿐이다. 협회는 멸종위기종의 보존과 생물다양성 확보를 위해 동물을 안락사하라는 지침을 정했다. 코펜하겐 동물원의 연구보존 책임자 역시 "동물의 근친교배를 막는 것이 장기적인 관점에서 동물의 건강을 유지하고 보존하는 데 필수적"이라고 주장했다. 동물원을 옹호하는 일부 전문가들은 "동물원은 디즈니랜드 같은 테마파크가 아니다. 인간들에게 점차 서식지를 빼앗기고 있는 동물들의 마지막 생존 보호처"라고 말한다. EAZA 소속 동물원에서만 매년 1,700마리 이상의 얼룩말, 들소, 영양, 하마 같은 대형포유류들이 안락사를 당하고 있다. 이유는 다양하다. 근친교배 방지, 노화와 질병, 그리고 공간 부족 등이다. 하지만 이 가운데 근친교배가 이유인 경우는 1퍼센트도 안 된다. 대부분은 공간 부족 때문에 죽인다.

더 심각한 것은 동물원 바깥에서 벌어지는 동물 쇼다. 서커스에 등장하는 동물들을 생각해보자. 곰이 두 발로 행진을 한다. 원래 네 발로 다니는 곰을 두 발로 걸어 다니게 하기 위해 새끼 때부터 벽에 달린 짧은 줄에 곰의 목을 매어 놓는다. 곰이 네 발을 딛는 순간 목이 졸린다. 계단 위를 오르고 불타는 링을 통과하는 사자와 호랑이는 어떨까? 태어나자마자 그들은 인간의 고문을 견뎌야 한다. 본성을 잃고 인간을 두려워한다. 그들은 매일 매질을 당한다. 굶기고 물을 주지 않는 것도 중요한 훈련방식이다. 태국으로 가족여행을 가서 하는 코끼리 트래킹은 어떨까? 이 코끼리들은 태어나자마자 어미에게서 떨어져 꼼짝도 하지 못할 만큼 작은 우리에 갇혀서 온갖 고문을 당한다. 이유는 한 가지다. 인간에 대한 두려움을 기본 옵션으로 장착하기 위해서다. 코끼리 트래킹을 하기 전에 코끼리 눈 속의 슬픔과 괴로움을 봐야 한다.

쇼와 트래킹을 위해 고통받는 동물을 돕는 방법은 간단하다. 동물 쇼를 관람하지 않고 코끼리 트래킹을 하지 않으면 된다. 수요가 없으면 공급도 사라지는 법이다. 문제는 동물원이다. 동물원은 당장 없앨 수 없는 것 같다. 어떻게 해야 할까?

다행히 2016년 10월에 우리나라에서 가장 큰 동물원을 소유하고 있는 서울시는 '관람 · 체험 · 공연 동물 복지 기준'을 발표했다. 이에 따르면 이제 동물원의 동물들은 (1) 배고픔과 목마름으로부터의 자유 (2) 환경과 신체적 불편함으로부터의 자유 (3) 고통, 질병, 상해로부터의 자유 (4) 정상적인 습성을 표현할 자유 (5) 두려움과 스트레스로부터의 자유를 누려야 한다. 동물 복지 기준이 정상적으로 작동되기를

바란다. 아이들을 데리고 동물원에 가서 다니구치 지로가 보
여준 사랑과 따스함을 느끼고 싶다.

# 지옥 같은 사랑

날씬한 몸매에 투명한 날개와 털이 덥수룩한 다리, 털이 보송보송한 더듬이, 바늘처럼 기다란 주둥이가 특징인 이것. 몸무게는 기껏해야 2밀리그램. 우리 머리카락 네 가닥 무게쯤 된다. 너무도 작고 연약하여 안쓰러울 정도다. 하지만 이 동물의 이름을 듣는 순간 '아! 정말 싫다'라는 생각이 절로 든다. 그의 이름은 모기. 무려 72만 5천 명이 매년 모기 때문에 목숨을 잃는다.

사람은 누구나 자연의 소리를 좋아한다. 빗소리와 시냇물 소리에 평화를 느낀다. 새의 노래를 듣고 짜증을 내는 일은 웬만한 사람은 할 수 없다. 곤충의 울음도 좋아한다. 곤충은 목청으로 소리를 내지 않고 날개를 비벼서 소리를 낸다. 보통 짝을 찾기 위한 애절하면서도 간절한 울음이다. 그 간절함이 우리 마음을 움직이는지도 모른다. 그런데 앵 하는 모기 소리를 좋아하는 사람은 없다. 그 소리는 결코 노랫소리나 짝을 찾는 애달픈 울음으로 들리지 않는다. 모기는 불을 끄고 피곤한 몸을 누인 사람에게 출동하느라 어쩔 수 없이 소리를 낼 뿐이다. 모기 소리 들리더니 곧 가려움이 몰려오더라, 라는 경험은 온 지구인이 다 해본 것이다. 모기는 사막과 남북극을 제외한 모든 곳에서 산다.

50만 년 전 불을 일상적으로 사용하게 된 직립원인들은 더운 지방을 떠나 추운 지방으로 이주했다. 먹을 것도 상대적으로 적고 생활도 불편한 추운 지방으로 이주한 이유 중 하나는 병균과 벌레였을 것이다. 불을 피워서 추위만 피할 수 있으면 나머지는 감수할 수 있었다. 그중에서도 모기는 가장 끔찍했을 것이다. 생각해보라. 전기모기채, 스프레이 살충제, 물파스도 없는 여름밤을 견디기가 얼마나 힘들었겠는가?

곤충을 좋아하는 사람들은 많지만 모기를 좋아하는 사람은 없다. 모기는 번거롭고 성가시고 없으면 정말 딱 좋은 존재다. 우리가 모기를 미워하는 이유는 단 한 가지. 우리를 물고 가렵게 하기 때문이다. 가렵지만 않다면 앵 소리에 우리가 그렇게 신경질적인 반응을 보이고 눈에 불을 켜고 모기를 잡을 이유가 없다.

여기에 모기의 비극이 있다. 모기 가운데 아주 일부가 우리 피를 빨아먹는다. 뭐, 많이 먹는 것도 아니다. 우유 한 방울 정도다. 우리가 밤새 여러 마리의 모기에게 피를 빨린다고 해도 기껏해야 티스푼 하나 정도의 양이니 우리가 보시하는 셈 치면 된다. 게다가 모기가 피를 빠는 이유를 안다면 우리는 참을 수 있다. 바로 모성애다. 오로지 산란기의 암컷만 피를 빨아먹는다. 자식을 위해 풍부한 영양분이 필요한 것이다. 수컷이나 산란기가 아닌 암컷은 괜히 사람의 피를 빨아먹으면서 위험을 자초하지 않는다.

모기가 피를 한 번 빠는 데는 무려 8~10초나 걸린다. 우리가 모기를 잡는 데 충분한 시간이다. 모기의 입장에서 보면 자식을 위해서 정말로 지옥 같은 공포를 견뎌야 한다. 사람의 혈액에는 혈관에 상처가 나면 피를 응고시켜서 굳히는 물질이 있다. 8~10초 동안 주둥이를 사람 혈관에 박고 있으면 그 사이에 피가 굳어서 모기는 주둥이를 사람 피부에 박은 채 생을 마감해야 한다. 방패가 있으면 창은 더 정교해져야 하는 법. 모기는 피를 빨아먹는 동시에 침 속에 혈액 응고 억제 물질인 히루딘을 섞어서 우리 혈관에 주입한다. 우리 몸이라고 가만히 있지는 않는다. 히루딘에 알레르기 반응을 일으키면서 히스타민을 분비한다. 히스타민은 우리를 가렵게 만든다. 그러니까 우리를 가렵게 만드는 물질은 모기에게서 오는 게 아니라 우리 몸에서 나온다는 얘기다. '이봐! 위험한 적이 나타나서 자네를 공격하고 있어. 제발 일어나서 좀 잡으라고!'라고 신호를 보내는 것이다.

우리는 몸의 소리를 들어야 한다. '모기가 물든 말든 가렵지만 않으면 좋겠어'라고 우리 몸이 생각했다면 우리는 지구에 존재하지 못했을 것이다. 가렵기 때문에 모기를 피하려고 추운 곳으로 이주했고 모기를 잡았기 때문에 우리 인류가 아직도 남아 있는 것이다.

지구에는 약 3,500종의 모기가 산다. 이 가운데 478종이 말라리아 모기다. 이 모기들이 문제다. 이 모기들 때문에 대부분 어린 아이들인 수십만 명이 매년 목숨을 잃는다.

모기 소리가 들리면 일어나 불을 켜고 벽을 살펴야 한다. 배부른 모기는 멀리 달아나지 못하고 벽에 붙어서 소화를 시키며 쉰다. 그래서 우리가 때려잡은 모기들은 이미 배부른 모기인 경우가 많다. 하지만 아직 늦지 않았다. 걔네들이 산란하기 전에 막아야 하는 것이다. 후세들을 위해서라도, 아니 내년을 위해서라도 일단 모기는 잡아야 한다. 그래야 산다. 생명이 있는 모든 것은 아름답다. 모기만 빼고.

# 특이한 울음

엄마의 잔소리나 알람 소리로 하루를 시작하는 것은 그다지 유쾌한 일은 아니다. 바람소리, 물소리, 새소리 같은 자연의 소리로 잠에서 깨어난다면 그 하루는 상쾌할 것이다. 초여름에 들어설 즈음부터 창문을 열고 잤더니 어느 날부터인가 새벽에 새소리를 듣고 잠자리에서 일어나게 되었다. 얼마나 기뻤던지…….

그런데 하지가 가까워질수록 그 시간이 점차 일러졌다. 그러다가 마침내 새벽 4시 43분에 새소리를 듣고 잠에서 깨어난 날 나는 페이스북에 불평을 했다. "새들은 잠잠하라!"라고 말이다. 동네 일출시간이 5시 11분이던 하짓날엔 4시 30분부터 우짖었다. 해가 뜨기 한참 전인 여명에 그들은 노동을 시작한 것이다. 새끼들을 한창 먹여야 할 때니 어쩔 수 없었을 것이다.

오늘은 새벽 4시에 깼다. 나를 깨운 것은 새가 아니었다. 일찍 일어난 새가 먹이를 잡으려면 더 일찍 나돌아다니는 벌레가 있어야 하는 법. 어두컴컴한 여명 속에서 사냥을 하려면 소리를 내는 곤충을 찾아야 한다. 하지만 대부분의 벌레들은 소리를 내지 않는다. 특히 살집이 좋은 애벌레는 절대로 소리를 내지 않으니 해가 뜬 다음에야 좋은 먹잇감이 된다.

요즘 얼리 버드들의 좋은 먹이는 매미다. 오늘 우리 동네 매미는 새벽 4시부터 온몸으로 울었다. 우리 동네 일출시간은 5시 27분이었는데 말이다. 매미 소리는 잠을 깨울 정도로 시끄럽다. 하지만 각각의 매미가 내는 소리는 그다지 크지 않다. 아무리 크게 울어봐야 80데시벨 정도다. 자동차 경적소리는 물론이고 사람들이 떠드는 소리보다 작다. 하지만 개체 수가 많다. 함께 우니 시끄럽다.

모든 매미가 우는 것은 아니다. 우리나라에서 볼 수 있는 매미는 열세 종류밖에 안 된다. 가장 많이 보이는 매미는 참매미와 말매미이고 고층 아파트 방충망에 붙어 있는 것은 대개는 애매미다. 우는 매미는 모두 수컷이다. 매미는 근육을 움직여서 울음판에서 소리를 내는데 암컷에게는 소리를 발생시키는 기관이 없어서 소리를 내지 못한다. 암컷은 수컷의 소리를 듣고 찾아온다.

불만이 생기면 외국인 핑계를 대는 것처럼 매미 소리가 시끄러워지자 외래종 매미를 탓하는 말이 들린다. 대표적인 외래종으로는 꽃매미가 있다. 아이들은 징그럽다고 한다. 낯설기 때문일 것이다. 내 눈에는 울긋불긋한 게 예쁘게만 보인다. 그런데 꽃매미는 울음판이 없어서 소리를 내지 못한다. 따라서 중국에서 온 외래종 때문에 시끄럽다는 것은 말이 안 된다. (NASA의 발표에 따르면 우리를 괴롭히는 미세먼지도 대부분 우리나라 토종이라고 한다. 괜히 중국 탓만 하지 말자.)

오해하실까봐 덧붙이자면 꽃매미는 해충이다. 꽃매미만 그런 것은 아니다. 나무 입장에서 보면 모든 매미는 해충이다. 암컷 매미는 나무에 산란관을 꽂아서 20~30개의 알을 낳는다. 매미 알은 물관과 체관을 막아서 물과 양분의 통행을 방해한다. 애벌레는 줄기를 타고 땅속으로 들어가 몇 년 동안이나 수액을 빨아먹는다. 성충도 나무에 주둥이를 꽂고 수액을 섭취한다. 전염병도 옮긴다. (매미가 옮기는 전염병은 동물에게는 문제가 없으니 걱정할 필요는 없다.)

시골에서 듣던 매미 소리는 좋았는데 도시에서 듣는 매미 소리는 유독 시끄럽다는 말도 한다. 영화에서 여름철 시골 풍경의 배경소리로 나오는 매미 소리의 주인공은 참매미다. 맴, 맴, 맴, 웽~ 하고 운다. 도시의 플라타너스 나무를 좋아하는 매미는 말매미다. 음의 변동이 없이 지~~~~ 소리가 일정해서 소음으로 느껴지는데다가 실제로 소리가 크기도 하다.

또 한밤에도 매미가 우는 까닭은 도시의 밤이 환해서라고 주장하는 이들도 있다. 나름대로 합리적인 추론이다. 하지만 추론은 추론일 뿐이다. 과학자들이 실험해봤더니 결과는 달랐다. 빛과 매미의 울음 사이에는 별 관계가 없었다. 매미가 우는 데 결정적인 요소는 온도였다. 울음판의 근육을 움직이는 데는 온도가 중요했던 것이다. 더우면 아무리 캄캄해도 매미는 운다. 최선을 다해서.

이해가 되지 않는다. 매미가 우는 이유는 짝짓기를 하기 위해 '나 여기 있소! 암컷들이여, 내 울음소리가 매력적이지 않소? 내 소리를 들으니 왠지 유전자에 신뢰가 가지 않소!'라고 호소하는 건데, 캄캄한 밤에는 울어봐야 별 소용이 없을 테니 말이다.

그렇다. 매미도 처음에는 한낮에만 운다. 조금 지나면 새벽 일찍부터 울기 시작한다. 마침내는 한밤중에도 쉬지 않고 운다. 그만큼 점점 간절해지는 것이다. 짝짓기를 하기 위해 자그마치 3~7년 동안이나 땅속에서 살다가 나왔다. 성충으로는 기껏해야 일주일에서 한 달을 산다. 수컷 매미의 유일한 사명은 암컷의 선택을 받는 것이다. 그래 봤자 극히 일부의 수컷만 암컷의 선택을 받겠지만.

# 96%의 수컷

서대문자연사박물관 중앙홀에는 길이 11미터짜리 거대한 수각류 공룡이 서 있다. 수각류(獸脚類)란 두 발로 서서 다니면서 날카로운 이빨로 육식을 했던 공룡을 말한다.

아이의 손을 잡고 홀에 들어선 아빠가 갑자기 아이 손을 놓더니 공룡을 향해 달려가면서 소리친다.

"와! 여기 티라노사우루스가 있네!"

아이는 아빠가 자기 손을 놓아버려 당황하면서도 뿌듯해한다. '티라노사우루스를 알아맞히다니… 정말 대단해!'라는 표정이 역력하다.

그러나 채 30초가 지나지 않아서 실망한다. 공룡 밑에 티라노사우루스 대신 '아크로칸토사우루스'라는 이름이 적혀 있기 때문이다. 낯선 이름에 아이보다 더 당황한 아빠는 '고객의 소리'에 항의엽서를 넣는다. '나는 전 세계 출장을 다닐 때마다 꼭 그곳의 자연사박물관에 가본다. 지금껏 무수히 많은 자연사박물관에 가봤지만 아크로칸토사우루스는 본 적이 없다. 무슨 듣도 보도 못한 공룡을 갖다놨나!'라는 게 글의 요지다. 맞는 말이다. 전 세계 자연사박물관 가운데 아크로칸토사우루스가 전시된 곳은 미국의 노스캐롤라이나 주립자연사박물관과 한국의 서대문자연사박물관뿐이다.

공룡은 중생대에 살았다. 중생대는 트라이아스기-쥐라기-백악기로 나뉜다. 공룡이 살았던 중생대라고 하면 흔히 쥐라기를 떠올리지만 실제로는 백악기 공룡이 더 크고 멋있다. 영화 〈쥬라기 공원〉에 나오는 공룡들도 사실 대부분 백악기의 공룡들이다.

백악기 초기에 살았던 아크로칸토사우루스의 속명은 '높은 가시 도마뱀'이라는 뜻이다. 두개골 뒤쪽에서부터 꼬리까지 기다란 돌기가 나 있어서 붙은 속명이다. 아크로칸토사우루스는 정말 멋진 공룡이지만 얼마 전까지만 해도 그야말로 듣보잡이었다. 듣보잡은 인터넷 은어로 '듣도 보도 못한 잡놈'이란 뜻이다. 유명한 미학자인 진중권 선생이 이 말을 사람에게 썼다가 무려 300만 원의 벌금을 물었던 것으로 보아 사람에게는 써서는 안 되는 말이 분명하다. 하지만 공룡에게 쓴다고 해서 소송을 걸 자연사박물관은 없으니 항의 엽서를 쓰신 아빠는 안심하셔도 된다.

2016년 1월 〈네이처〉의 자매지인 〈사이언티픽 리포트〉에 육식공룡들이 구애 행위를 한 증거로 보이는 흔적화석이 발견됐다는 논문이 게재되어 주목을 받았다. 이 연구에 참여한 천연기념물센터의 임종덕 박사에 따르면 마치 수컷 타조가 둥지를 만들 수 있는 능력을 과시하기 위해 암컷 앞에서 구덩이를 파는 것처럼 수컷 공룡이 지름이 2미터가 넘는 구덩이를 발로 파낸 흔적을 발견하였다고 한다. 해부학적으로 새는 수각류 공룡에 속한다. 좌우로 뚫린 구멍에 다리뼈가 박혀 있는 골반 구조가 대표적이다. 이번 발견은 공룡의 구애 방식이 새와 거의 일치하는 것을 보여줌으로써 새가 공룡이라는 사실을 생태학적으로 증명한 점에서 의의가 크다.

이번 발견에서 주목할 점은 구애 행위 흔적을 남긴 공룡이 바로 아크로칸토사우루스라는 사실이다. 이로써 아크로칸토사우루스는 더 이상 듣보잡 공룡이 아니다. 아크로칸토사우루스는 이제 공룡에 관한 책이나 강연에서 반드시 거론되어야만 하는 공룡계의 셀레브리티가 되었으며, 공룡에 관심이 있다면 서대문자연사박물관은 반드시 방문해야 하는 곳이 되었다.

그러고 보면 공룡 시대만 해도 짝짓기를 위해 수컷이 해야 하는 일은 별것 없었다. 뒷발로 땅만 잘 파면 되었다. 하지만 아크로칸토사우루스의 후예들 중에서는 짝짓기를 위해 매우 복잡한 구애 행동을 해야 하는 수컷들도 등장했다. 데이비드 로텐버그(David Rothenberg)의 『자연의 예술가들(Survival of the Beautiful)』에는 오스트레일리아 열대우림에 사는 파란정자새 이야기가 나온다. 파란정자새는 구애를 위해 정자를 짓는다. 정자는 나뭇가지로 만든 나란히 마주 보는 두 개의 벽과 그 사이에 있는 통로로 구성되는데 꼭 파란색으로 장식해야 한다. 파란정자새는 아마도 파란색이 자기들에게 가장 어울리는 색이라고 생각하는 것 같다. 이를 위해 바닷가까지 날아가서 파란색 조개껍데기나 피서객이 버린 파란색 플라스틱 스푼을 물어오고, 부리로 과일을 으깨서 얻은 파란 색소로 정자를 칠하며, 다른 새를 공격해서 파란색 깃털을 구한다.

종을 가리지 않고 모든 수컷은 암컷을 꼬시기 위해 이런저런 노력을 한다. 그러나 거의 대부분은 부질없는 짓이다. 지구에 살고 있는 수컷 가운데 죽기 전에 암컷 곁에 한번이라도 가본 개체는 전체 수컷 가운데 4%에 불과하다. 나머지 96%의 수컷은 평생 짝짓기 한 번 못해보고 생을 마감한다. 여기에 비하면 인간 남성은 정말로 복 받은 존재다.

# 비주류 전성시대

영국에서 발행되는 과학저널 〈네이처〉에서 2016년 한 해 동안 과학의 진보에 기여한 과학자 10인을 선정하여 발표했다. 과연 누가 또는 어떤 연구가 선정되었을까? 잠깐 떠올려보시라. 혹시 단 한 명밖에 떠오르지 않는다고 너무 자괴감에 빠져서 괴로워할 필요는 없다. 누구나 그럴 테니 말이다.

대한민국 국민이라면 반드시 꼽을 사람이 한 명은 있다. 알파고의 아버지 데미스 허사비스(Demis Hassabis)가 바로 그 사람이다. 데미스 허사비스는 영국의 컴퓨터공학자이자 뇌과학자로 알파고를 개발한 구글 딥마인드의 CEO이다. 한국을 비롯한 극동아시아 3개국 사람들은 그 누구보다 허사비스에게서 강한 인상을 받았다. 천하의 이세돌이 3월 9일 알파고에게 첫 판을 내준 후 내리 세 판을 졌을 때 받은 충격은 이루 말할 수 없다. 2016년 3월 13일은 당대 최고의 인간이 당대 최고의 인공지능을 꺾은 마지막 날로 기억될 것이다.

자, 이제 아홉 명 남았다. 과학에 어느 정도 관심이 있는 독자라면 중력파 연구를 주관한 가브리엘라 곤살레스

(Gabriela González) 또는 라이고(LIGO)를 떠올렸을 것이다. 〈네이처〉는 라이고의 대변인인 가브리엘라 곤살레스의 이름을 열 명 가운데 첫 번째로 올렸다. 중력파란 초신성이 폭발하거나 블랙홀이 충돌할 때 시공간이 일렁이는 것을 말한다. 아인슈타인이 1916년 일반상대성이론을 발표할 때 중력파가 있을 것이라고 예견하였지만 여태 발견하지 못했었다.

2016년 초에 중력파가 검출되었다는 소식이 전해지자 과학자와 과학 기자들은 중력파 검출에 참여한 과학자들이 노벨 물리학상을 받을 것이라고 확신했지만 결과가 달라서 많이들 실망했다. 사실 중력파 연구는 노벨상 후보조차 될 수 없었다. 노벨 물리학상 후보에 오르려면 1월 31일까지 추천을 받아야 한다. 하지만 중력파 검출 결과가 논문으로 발표된 날은 2월 11일이었다.

여덟 명 남았다. 올해 과학 기사를 추적한 사람이라면 두 명의 의사를 더 꼽을 수 있다. 존 장(John Zhang)과 셀리나 투키(Celina Turchi). 산부인과 의사 존 장은 '세 부모 아기'를 탄생시켰다. 세 부모란 유전자 엄마, 난자 엄마 그리고 정자 아빠를 말한다. 복제양 돌리의 출산과 같은 방식이다. 단지 그 대상이 사람이라는 것 때문에 윤리적인 문제와 안정성에 대한 논란을 불러일으키기도 했지만 자녀에게 신경계 손상을 남겨줄 수밖에 없는 엄마가 건강한 아기를 낳게 했다는 데 의의가 있다. 셀리나 투키는 브라질의 내과 의사다. 브라질에서 올림픽이 열리는데 지카 바이러스가 창궐했다. 지카 바이러스는 임산부가 감염되면 태아가 소두증을 앓게 되는 바이러스다. 전 세계가 공포에 빠졌다. 그녀는 전염학자, 소아과 의사, 신경학자, 생식생물학자의 네트워크를 형성하여 지카 바이러스에 대응하기 위한 국제적인 협력을 이끌어내었다.

명색이 과학관 관장인 내가 떠올린 이름은 딱 네 명으로 여기까지다. 나머지 여섯 명은 전혀 의외의 인물이다. 산호초 연구자 테리 휴스(Terry Hughes), 대기 화학자 휘스 벨더르스(Guus Velders), 논문 해적 알렉산드라 엘바키얀(Alexandra Elbakyan), 크리스퍼 유전자 가위 연구자이지만 크리스퍼 가위의 위험성을 경고하는 케빈 에스벨트(Kevin Esvelt), 외계행성 연구자 길렘 앙글라다 에스쿠데(Guillem Anglada Escudé), 남성에서 여성으로 성전환을 한 핵물리학자 엘레나 롱(Elena Long). 이들의 면면을 살펴본 뒤에도 〈네이처〉가 왜 이런 사람들을 올해 가장 중요한 과학계 인물로 뽑았는지 한동안 이해할 수 없었다. 이 여섯 명은 절대로 주류 과학계에서 환영받을 수 있는 인물이 아니기 때문이다.

산호초 연구자 테리 휴스는 오스트레일리아의 대산호초(Great Barrier Reef)가 하얗게 탈색되면서 죽는 현상을 연구했다. 해수면의 온도가 1도 이상 올라서 생긴 현상이다. 테리 휴스는 지난 5월 대산호초의 93퍼센트에서 탈색이 진행 중이라고 경고했다. 하지만 오스트레일리아 정부는 '기후변화 위협에 관한 보고서'에서 대산호초 관련 항목을 삭제했다. 관광 산업에 끼칠 좋지 않은 영향을 우려했기 때문이다.

알렉산드라 엘바키얀은 대학원 재학 시절 유료 논문 사이트에 있는 논문들을 무료로 다운로드할 수 있는 서비스인 '사이허브(Sci-Hub)'를 설립했다. 그녀는 석사과정 시절 비용 때문에 논문을 맘대로 볼 수 없었다. 누군가에게 부탁을 해야만 했다. 이는 연구자 세계에 많이 있는 일이다. 그 결과 연구자들 사이에 정보 격차가 생긴다. 그래서 만든 것이 바로 사이허브. 그녀는 저작권 침해 소송에 걸려 있고 은신 중이다. 그녀는 이렇게 말했다.

"내가 하지 못하게 된다면, 또 다른 누군가가 이 일을 할 것이다."

사이허브는 과학자들이 자신이 획득한 연구비로 수행한 연구 결과의 논문을 자기 돈까지 들여 출판했는데 저널 출판사들이 그것을 다른 사람들에게 돈을 받고 팔면서 이윤을 취하는 시스템에 대한 항거다. 〈네이처〉로부터 선정을 의뢰받은 사람이 알렉산드라 엘바키얀을 꼽은 것 자체가 유쾌한 사건이다.

서두에 언급한 네 명은 누구나 공감할 수 있는 인물이다. 나머지 여섯 명의 명단은 과학계가 얼마나 다양한 곳인지를 말해준다. 그리고 그들의 이름과 면면을 보고서 충격을 받은 내가 얼마나 구태의연한 사람인지도 알려준다.

( 5부 )

# 조금 더 나은 미래

# 자전축과 전염병

23.5도. 행복과 불행이 모두 여기에서 시작됐다. 지구는 일 년에 한 번 태양 주변을 공전한다. 태양에서 30억 킬로미터나 떨어져서 큰 타원을 그리면서 도는 동안에도 지구는 쉬지 않고 팽이처럼 빙빙 돈다. 그런데 꼿꼿한 자세로 태양과 마주 보며 도는 게 아니라 23.5도 기울어진 채로 돈다. 지구의 자전축이 공전평면과 수직인 축으로부터 23.5도 기울어져 있기 때문이다.

자전축이 태양 쪽으로 기울어지면 북반구에 햇빛이 많이 비치는데 이때 우리나라는 여름이다. 반대로 자전축이 태양 반대쪽으로 기울어지면 햇빛은 남반구에 더 많이 비쳐 우리나라는 겨울이다. 자전축이 기울어지지 않았다면 더운 곳은 항상 덥고 추운 곳은 항상 추울 것이다. 생명들은 장소에 맞추어서 그 자리에서 그대로 살면 된다.

그런데 자전축이 기울어져 있다. 그것도 하필 23.5도. 그래서 중위도 지방에 있는 우리나라는 사계절이 제법 뚜렷하다. 그러다 보니 계절에 따라 이런저런 생명들이 찾아온다. 100년 전만 해도 호랑이, 반달가슴곰, 여우가 한반도를 넘나들었다. 여름에 백령도에서 볼 수 있는 점박이물범은 겨울에는 중국 보하이 랴오둥 만의 유빙 위에서 새끼를 낳아 기르던 친구들이다. 동물들이 한반도를 찾아오는 이유는 먹이가 풍부하기 때문이다.

계절에 맞춰서 우리나라를 찾는 동물의 대부분은 새다. 전 세계에 살고 있는 조류는 대략 1만 종. 우리나라에서는 아종을 포함해서 600종 이상을 볼 수 있는데 그 가운데 텃새는 70여 종에 불과하고 나머지는 모두 철새다. 철새 중에는 여름 철새와 겨울 철새뿐만 아니라 말 그대로 우리나라를 거쳐가는 나그네새와 길을 잃고 찾아온 새도 있다. 개체 수가 가장 많은 것은 겨울 철새다. 주로 중국 북부와 시베리아에서 찾아온다.

겨울 철새는 동요에도 등장할 만큼 우리가 반기던 친구들이다. 그런데 조류독감(AI)이 돌기 시작하면서 분위기가 바뀌고 있다. 철새에게 먹이를 주고 철새 도래지를 보호하자고 말하기 부담스러울 정도다. 우리나라에서는 2003년부터 불과 몇 년을 제외하고는 매년 AI가 발생하고 있다. 조류독감은 겨울 철새가 우리나라에 있을 때만 발생한다. 덕분에 겨울 철새들이 AI의 근원지로 의심받고 있다.

2016년 11월 17일 발생한 AI로 인해 무려 3천5백만 마리의 가금류가 살처분되었다. 일상적으로 남한에서 키우는 가금류가 1억 5천만 마리인 것을 감안하면 23퍼센트가 넘는다. AI에 걸린 닭이나 오리가 발견되면 반경 3킬로미터 안에서 키우는 메추리, 닭, 오리는 한 마리도 남기지 않고 다 죽여서 파묻어야 한다. 앞으로 얼마나 더 죽여야 할지 모른다. 그 책임은 누구에게 있을까?

대부분의 전문가들은 AI의 책임을 철새에게 지우려고 한다. 철새가 AI를 옮긴다는 전문가의 주장을 반박하고 싶은 생각은 없다. 그렇다고 해서 철새에게 책임을 물어서는 안 된다. 겨울에 한반도로 철새가 단 한 마리도 오지 않는다고 해서 AI가 창궐하지 않을 것 같지는 않기 때문이다.

철새들이 AI를 옮긴다면 이미 철새들도 AI에 감염되어 있을 것이다. 그런데 수만, 수십만 마리의 다양한 종류의 철새들이 엉켜 사는 갯벌에서 AI에 감염되어 죽은 철새 시체는 얼마 되지 않는다. 일반적으로 철새들 중에는 한반도에서 생을 마감하는 개체들이 많다. 연구에 따르면 10~20퍼센트에 이른다. 그런데 AI가 창궐할 때 AI에 감염되어 죽는 비율은 0.001퍼센트도 안 된다. 철새들은 AI에 걸린다고 해서 다 죽는 게 아니다. 사람이 독감에 걸렸다고 해서 다 죽는 게 아닌 것처럼. 그러니까 AI 감염 여부보다는 AI에 감염된 개체의 상태가 중요하다. AI는 건강하지 못한 환경에 살고 있는 개체에게만 치명적이다.

거의 해마다 겪는 AI 사태의 책임을 겨울 철새에게만 미룬다면 우리에게는 두 가지 해결책밖에 없다. 하나는 겨울 철새들이 먹잇감을 얻을 수 있는 갯벌을 모두 없애는 것이고, 다른 하나는 23.5도 기울어져 있는 지구 자전축을 똑바로 세우는 것이다. 그렇게 할 자신이 없다면 철새 타령은 그만하고 우리가 할 수 있는 일을 하자. 생산 효율을 높이기 위해 다양성을 포기하고 표준화된 닭과 오리를 좁은 공간에서 빽빽하게 키우는 공장식 축산 구조를 바꿔야 한다. 잡아먹어도 미안할 판에 먹지도 않고 파묻는 닭과 오리에 대해 일말의 미안한 감정을 가져야 한다.

지구 자전축의 기울기 23.5도가 바뀌지 않는 한 철새는 내년에도 온다.

# 원소의 발견

내가 곧장 대학에 가지 못하고 종로학원에서 1년간 재수 생활을 한 것은 정말 행운이었다. 나는 종로학원의 조용호 선생님에게 화학을 배웠다. 그 후 20년간 한국과 독일의 대학에서 화학을 배웠지만 이는 조용호 선생님에게서 배운 화학 체계의 단순 확장에 불과했다. 조용호 선생님의 가르침은 사실 매우 단순했다.

"화학은 주기율표에서 시작해서 주기율표로 끝나는 거야. 그러니까 닥치고 암기해!"

주기율표는 만물을 이루고 있는 원소들을 체계적으로 배치한 표다. 표에서 차지하는 원소의 위치를 알면 그 원소의 물리·화학적 성질을 알 수 있고 어떤 원소가 어떤 결합을 할지 예측할 수 있다.

내가 고등학교와 종로학원에 다니던 시절, 교과서에 실린 주기율표에는 103번까지 있었지만 요즘은 118번까지 있다. 그런데 우주에 이 많은 원소들이 모두 존재하는 것은 아니다. 1번 수소(H)부터 94번 플루토늄(Pu)까지 94개의 원소중에서 43번 테크네튬(Tc)과 61번 프로메튬(Pm)을 제외한 92개만 자연적으로 존재하고, 나머지는 핵폭탄 실험과 중이온가속기 충돌 실험을 통해 만들어진 인공 원소다. (43번, 61번, 93~98번 원소도 우라늄 광석에서 소량 발견된다는 주장도 있다.)

새로운 원소를 합성한다는 것은 실로 대단한 일이다. 별이 자신을 태우면서 핵을 융합하거나 또는 수명이 다한 별이 초신성으로 폭발하는 과정에서도 만들지 못한 원소를 별 난리를 피우지도 않으면서 만든다는 것은 인간이 별보다도 더 위대한 일을 벌인다는 뜻이다.

원소기호는 알파벳 한 개 또는 두 개로 표시한다. 그런데 알파벳 세 개로 이루어진 원소기호가 있다. 바로 113번 우눈트륨(Uut), 115번 우눈펜튬(Uup), 117번 우눈셉튬(Uus), 118번 우눈옥튬(Uuo)이다. 이는 정식 이름은 아니고 113번째 원소, 115번째 원소라는 표시일 뿐이다. 이들 네 원소의 발견이 아직 공식적으로 인정되지 않았기 때문에 정식 이름과 기호가 없는 것이다.

2015년 12월 국제순수·응용화학연합(IUPAC)은 이 네 원소의 존재를 공인했다. 네 원소는 미국과 러시아 합동연구팀이 처음 발견하였다. 따라서 미·러 연구팀에게 명명권이 있다. 하지만 IUPAC은 113번 원소에 대해서만은 다른 판단을 했다. 미·러 연구팀이 먼저 보고했지만 일본 이화학연구소(RIKEN) 쪽의 데이터가 더 확실하다는 것이다.

미·러 연구팀은 115번 원소가 붕괴되는 과정에서 113번 원소도 발견했다고 보고했을 뿐이지만, 일본 이화학연구소는 2004년 원자번호 30번인 아연(Zn)과 83번인 비스무트(Bi)를 50조 번 충돌시키는 실험을 거쳐서 1개의 113번 원소를 생성시켰다. 또한 이 원소가 단 0.00034초 동안 존재한 후 핵분열을 일으켜 다른 원소가 되고, 다시 43초 동안 네 차례의 핵분열을 일으켜 안정된 원자핵으로 변하는 것을 확인했다. 이화학연구소는 2005년과 2012년에도 같은 실험을 반복하는 데 성공했다. 이런 점에서 IUPAC은 일본의 손을 들어준 것이다.

유럽과 미국이 아닌 나라에서 새로운 원소를 발견하고 원소에 이름을 붙일 권리를 획득한 것은 이번이 처음이다. 일본 연구팀의 업적에 찬사를 보낸다. 그렇다면 일본은 113번 원소에 어떤 이름을 붙였을까? 나라 이름에서 따온 '니호늄'이라는 이름을 붙였다.

과학에는 국경이 없지만 과학자들은 때때로 애국적이다. 원소의 이름만 봐도 그렇다. 많은 원소들이 나라 이름에서 유래했다. 프랑슘(프랑스), 갈륨(프랑스), 저마늄(독일), 아메리슘(미국), 루테늄(러시아)이 그렇다. 일본은 새로운 원소를 발견했는데 왜 한국은 원소를 발견하지 못하는지 아쉬워하는 분들이 계실지도 모르겠다. 대답은 간단하다. 해놓은 게 없기 때문이다.

2015년 IUPAC의 결정에 따라 주기율표는 빈칸 없이 꽉 차게 되었다. 그렇다면 우리에게는 전혀 기회가 없는 것일까? 다행히(!) 그렇지 않다. 119번 이후의 원소를 발견하면 된다. 심지어 어떤 이론에 따르면 123~126번 부근에서는 수명이 긴 원소들이 발견될 수도 있다고 한다. 유명한 SF 드라마 〈스타트렉〉의 시즌 6에서는 123번인 운비트륨(Ubt)을 발견하자 〈스타트렉〉 프로덕션 디자이너인 리처드 제임스의 이름을 따서 제임슘(Rj)으로 명명하는 장면이 나온다. 경험상 SF에서 나온 것들은 대개 실현된다는 사실에 희망을 걸 수도 있다. 그걸 우리가 발견하면 코레아늄이 되는 것이다. 물론 나는 나라 이름보다는 원소의 특성을 살린 이름을 붙이는 게 옳다고 생각하지만.

# 자신의 위치를 찾는 사람

우주의 빅뱅은 138억 년 전에 시작되었고, 대한민국의 빅뱅은 2006년에 시작되었다. 8월 19일 지드래곤, TOP, 승리, 태양, 대성이라는 다섯 명의 젊은이들이 첫 싱글《Bigbang》을 발표하였고, 추분 직후인 9월 23일 음악 프로그램 〈쇼! 음악중심〉에서 〈La La La〉로 데뷔하였다. 이때부터 TV와 라디오를 접하는 대한민국 국민이라면 누구나 빅뱅을 알게 되었다.

이런 점에서 우리나라 대중문화는 과학문화 확산에 분명한 공이 있다. 구준엽과 강원래가 구성한 2인조 댄스 그룹 클론이 데뷔하고 〈꿍따리 샤바라〉로 한국 대중음악계를 휩쓸 때는 1996년이다. 〈꿍따리 샤바라〉가 한창 인기를 누리고 있을 때인 1996년 7월 5일 최초의 체세포 복제 포유동물인 돌리(Dolly)가 탄생하였으며, 이것이 논문으로 발표된 때는 이듬해인 1997년 2월의 일이었다. 당시 나는 독일에 살고 있었다. 독일 사람들이 '클론'이 무슨 뜻인지 어리둥절해하고 있을 때 한국 사람들은 이미 클론의 의미를 잘 알고 있었다. 가수 강원래가 도대체 클론이 무슨 뜻이냐는 기자의 질문에 이미 자세하게 설명한 바가 있기 때문이다. 4인조 걸그룹 f(x), 4인조 록밴드 나비효과도 대한민국 국민들의 과학지수를 어느 정도는 높여줬다.

대중문화인만 과학적인 코드를 이용하는 건 아니다. 과학자들도 대중문화 코드를 활용한다. 복제양 돌리의 이름이 그렇다. 돌리는 어미 양의 젖샘세포를 이용해 만들어졌다. 과학자들은 이 점에 착안해서 큰 가슴으로 유명한 미국 가수 돌리 파턴의 이름을 따서 돌리라는 이름을 붙였다. 이런 식으로 과학과 문화는 서로 영향을 주고받는다. 특히 과학 대중화 또는 대중 과학화 운동에서 문화는 중요한 역할을 한다. 그런데 서로 긍정적인 효과만 주면 좋은데 묘한 경계가 존재한다.

'2009 개정 교육과정'에 맞추어서 2011년 고등학교에 입학한 학생들은 그 전과 전혀 다른 과학 교과서로 공부를 하게 되었다. 새 교과서는 '빅뱅'으로 시작된다. 우리가 흔히 과학 하면 떠올리는 물리 · 화학 · 생물 · 지구과학이라는 칸막이는 아예 없다. 우주를 배경으로 이산화탄소의 구조 등을 설명하는 식이며 역사적 흐름과 인문학적 맥락 속에서 과학 개념을 소개하는 걸 강조한다. 당시 개편을 보고 나는 우리나라 과학교육에 혁명을 일으킬 하나의 사건이라고 생각했다. 하지만 결과가 썩 좋지는 않았던 것 같다. 각각의 과목을 전공한 교사들이 갑자기 융합 교과서를 소화하기가 어려웠던 것 같다.

새 교과서 개발을 주도한 이덕환 교수는 한 언론과의 인터뷰에서 새 교과서의 의의를 설명하면서 이렇게 말했다.

"예를 들어 기존 교과서에는 우주론이 없다. 역사적인 맥락, 인문학적인 배경이 없는 채 그저 별까지의 거리나 별의 밝기를 측정하고, 느닷없이 별자리도 배운다. 별자리는 서양 신화를 그려 넣은 것으로 과학적으로 아무런 의미가 없는 지식이다. 황도 12궁도 마찬가지다."

내가 굳이 이 인터뷰를 찾아서 거론하는 이유는 초등학교 교사가 여기에 대한 불만을 터뜨리는 것을 직접 들었기 때문이다. 그의 요지는 이렇다. "별은 아이들이 과학으로 들어가는 첫 번째 관문이다. 그리고 별자리만큼 별을 아이들에게 잘 설명할 수 있는 것은 없다. 그런데 교과서를 집필하는 교수들은 그 의미를 모르는 것 같다."

당시 나는 아무 말도 하지 않았다. 왜냐하면 이미 그 교사의 강연을 들은 적이 있기 때문이다. 그는 초등학생들에게 별자리를 아주 재밌게 설명하였다. 정말로 뛰어난 능력을 보여주었다. 문제는 거기에는 별자리에 얽힌 동서양의 신화만 있고 과학이 없었다는 것이다.

별자리를 아직도 가르쳐야 하는 이유는 많다. 밤하늘의 별자리가 시간당 15도씩 움직이는 것으로 지구의 자전을 설명할 수 있고, 계절마다 별자리가 바뀌는 것으로 지구의 공전을 설명할 수 있다. 황도 12궁도 마찬가지다.

황도 12궁은 지금으로부터 약 5천 년 전에 생긴 개념이지만 지금도 의미가 있는 까닭은 거기에 재미있는 신화가 얽혀 있기 때문은 아니다. 황도 12궁이 처음 생길 때는 황소자리에 있던 춘분점이 4천 년 전에는 양자리로 옮겨갔다. 그리고 하필 예수가 태어날 무렵인 2천 년 전에는 물고기자리에 있었다. (그리스어로 '예수 그리스도 하나님의 아들 구원자'의 첫 글자를 모으면 물고기라는 뜻의 '익투스'라는 단어가 만들어진다. 그래서 기독교인들은 대문과 자동차에 물고기 마크를 달기도 한다.) 몇백 년만 있으면 춘분점은 양자리로 옮겨간다. 황도 12궁의 온갖 별자리를 신화를 이용해서 설명하는 이유는 춘분점이 이동하는 이유를 알려주기 때문이다. 즉 약 2만 6천 년을 주기로 일어나는 지구의 세차운동이 핵심인 것이다.

이것 외에도 별자리는 여전히 의미가 있다. 천문학에서는 좌표가 중요하다. 오죽하면 '철학자는 자신이 누군지 찾는 사람이고 천문학자는 자신의 위치를 찾는 사람'이라는 말이 있겠는가. 그런데 일반인들이 하늘의 좌표를 어떻게 표현할 수 있을까. 밤하늘에서 어떤 특이한 천체 현상을 발견하고 그 사실을 다른 사람들에게 알려줄 때 별자리는 유용하다. "처녀자리 오른쪽 위에 혜성이 나타났어"라고 얘기하면 누구나 쉽게 찾을 수 있다. 별자리는 하늘에 그려진 좌표인 것이다.

지구의 자전과 공전 그리고 세차운동과 우주의 좌표가

빠진 별자리 이야기는 그냥 신화다. 신화만 이야기하면서 과학으로 아이들을 이끌었다고 이야기하는 것은 아르키메데스의 유레카 일화만 얘기하고서 부력을 설명했다고 말하는 것과 같다. 과학의 대중화란 어렵다는 이유로 본질적인 것을 빼고 주변 일화를 설명하는 게 아니다. 본질에 접근하는 수준에서 문화적으로 설명하는 것이 과학의 대중화다.

별자리는 과학이 아니다. 그래서 천문학과에서는 별자리를 가르치지 않는다. 하지만 별자리는 어린이를 과학으로 인도하는 통로가 될 수 있다. 별자리 교육이 느닷없느냐 의미가 있느냐는 얼마나 과학적인 내용을 담느냐에 달려 있다. 그저 쉽고 재밌게 설명한다고 해서 과학 대중화 운동은 아닌 것이다.

# 결핵과 혜성

"아~ 어쩌란 말이냐 흩어진 이 마음을. 아~ 어쩌란 말이냐 이 아픈 가슴을."

가수 지영선이 부른 〈가슴앓이〉라는 노래의 후렴구다. '가슴앓이'는 조금 어색해도 '가스마리'라고 읽어야 한다. 국어사전에는 '안타까워 마음속으로만 애달파하는 일'이라고 나와 있다. 뭐 애달프다고 해서 실제로 가슴에 통증이 있기야 하겠는가? 실제 가슴이 아픈 병은 따로 있다. 바로 결핵이다. 결핵을 다른 말로 가슴앓이라고 했다.

결핵은 우리 집안 내력이다. 할아버지가 결핵으로 돌아가셨고 아버지와 동생이 결핵을 앓았다. 나는 아버지 또는 동생이 결핵을 앓는 동안 아무도 모르는 사이에 함께 앓았다. 치료와 위로는커녕 다른 가족 간호에 거추장스런 존재로 한동안 지내야 했다. 이 사실은 나중에 독일에서 유학생이면 의무적으로 받아야 하는 보건소 검진에서 알았다. 참으로 억울한 일이다.

지금은 결핵 앓은 이야기를 웃으면서 할 수 있지만 바

로 얼마 전까지만 해도 결핵은 가장 무서운 질병 가운데 하나였다. 김유정, 조지 오웰, 이상, 프란츠 카프카, 프레데리크 쇼팽 같은 유명한 문필가와 예술가들을 요절시킨 게 바로 결핵이다. 결핵균은 수천 년 동안이나 인간을 괴롭혔다. 주로 폐에 잘 걸리지만 몸 어느 곳에서나 발생할 수 있고 기침, 콧물, 가래뿐만 아니라 공기로도 전파된다. 100명이 감염되면 그 가운데 10명이 발병하며, 치료를 받지 않으면 5명이 사망한다.

요즘도 결핵 환자가 있을까? 있다. 아주 많다. 세계 인구의 3분의 1이 결핵균에 감염되어 있다. 매년 930만 명의 새로운 환자가 등장하고 180만 명이 결핵으로 사망한다. 우리나라도 예외는 아니다. 국민의 3분의 1이 감염되어 있고, 매년 3만 5천 명의 환자가 새로 생기며, 2천 명이 결핵으로 사망한다.

결핵의 원인이 결핵균인 것은 당연한 일 같지만 이것을 밝힌 사람이 있다. 그 사람은 바로 독일의 세균학자 로베르트 코흐(Robert Koch). 더 중요한 사람이 있다. 코흐의 아내 에미 코흐(Emmy Koch)이다. 아내가 큰돈을 들여 사준 현미경에 코흐는 사로잡혔다. 그리고 마침내 결핵균을 발견했다. 질병의 원인균을 밝혔으니 치료약을 개발하는 것은 시간 문제였다. 그리고 예술가와 문필가의 요절 시대는 끝이 났다. 현미경 만세! 에미 코흐 만세!

“저 빛을 따라가, 혜성이 되어 저 하늘을 날아봐, 내 맘을 전하게 그대에게 데려가, 별을 내려봐."

가수 윤하가 부른 노래 〈혜성〉의 후렴이다. 노래에서는 혜성이 되어 하늘을 날고 싶어 한다. 윤하가 이 노래를 중세 시대에 불렀다면 마녀 재판을 받았을지도 모른다. 고대에서 중세에 이르기까지 혜성의 출현은 불길한 조짐으로 해석됐다. 네로는 혜성이 나타나면 겁에 질려 신하를 죽였고, 조선의 왕들도 혜성이 나타나면 반역의 징조로 받아들이고 경계했다.

혜성의 존재를 과학적으로 밝힌 사람은 에드먼드 핼리(Edmond Halley)다. 어릴 때부터 핼리 혜성 이야기를 얼마나 많이 들었는지 핼리 혜성을 줄여서 부르는 말이 혜성인 줄 알았다. 하지만 정작 1986년 핼리 혜성이 등장했을 때는 책으로 핼리 혜성을 공부하기만 했을 뿐 밤하늘을 볼 생각은 못했다. 망원경이 없으면 못 보는 줄 알았다. 10년 후인 1996년 봄 나는 독일에서 햐쿠타케 혜성의 긴 꼬리를 맨눈으로 봤다. 그때의 경이로움은 말로 다 하지 못한다.

햐쿠타케 혜성에 관심을 갖게 된 까닭은 1994년 여름에 슈메이커-레비 제9혜성이 목성과 충돌하는 어마어마한 사건이 발생했기 때문이다. 인류의 천체 관측 사상 최고의 사건이었다. 목성에 대난리가 났다. 그 혜성이 지구와 충돌했다면 우리는 이미 존재하지 않는다. 6,600만 년 전 공룡 멸종 사건과 같은 대멸종이 일어났을 것이다. 슈메이커-레비 제9혜성의 목성 충돌은 우주를 떠도는 천체에 대한 인류의 관심을 새롭게 불러일으켰다. 모르면 공포가 생긴다. 알면 괜찮다. 대비할 수 있으니까 말이다. 알려면 봐야 한다. 천체망원경 만세!

# 우주 이민

"지구를 떠나거라."

이 구절에 리듬을 실어서 읽는다면 독자의 머릿속에는 여전히 개그맨 김병조 씨가 자리를 잡고 있는 것이다.

지구를 떠나라는 말은 더 이상 개그가 아니다. 이론물리학자 스티븐 호킹은 우리 인류가 2050년에는 달, 2100년에는 화성에 정착해야 한다고 주장한다. 그래야 인류라는 종이 지속될 수 있다는 것이다.

1988년부터 2016년까지 지구의 우주물리학자들은 4천 개에 이르는 외계 행성을 발견하였다. 하지만 인류가 살기에 적당해 보이는 곳은 없다. 천왕성이나 해왕성처럼 가스로 된 행성이라면 발을 디딜 수가 없으니 소용이 없다. 어린 왕자가 살았다는 전설의 소행성 B612처럼 너무 작으면 중력 역시 작아서 대기를 품고 있을 수 없고, 반대로 목성처럼 중력이 커다란 행성에 들어가면 생명은 쪼그라들고 영원히 그 행성에서 벗어나지 못하게 된다.

우리 태양계와 똑같은 행성계를 찾아야 한다. 다행히

지구의 과학자들이 찾아냈다. 2017년 2월 22일 영국의 과학 학술지 〈네이처〉에 그 사실이 소상히 보고되었다. 국제공동 연구진들이 거대 지상망원경과 스피처 우주망원경으로 태양계 바깥을 관측하다가 태양계와 똑 닮은 행성계를 발견했다. 중심에 있는 별의 이름은 트라피스트-1. 태양 주변을 수-금-지-화-목-토-천-해 여덟 개의 행성이 공전하고 있는 것처럼 트라피스트-1에도 일곱 개의 행성이 돌고 있다.

그 전에도 복수의 행성을 갖춘 외계 행성계가 여러 개 발견되었다. 또 크기와 질량, 표면온도가 지구와 비슷한 행성도 각기 다른 곳에서 스무 개 이상 발견되었다. 하지만 기껏 거기에 도착했는데 우리가 살 수 있는 곳이 아니라면 어쩌겠는가? 하나만 보고 가기에는 위험요소가 너무 크다. 하지만 트라피스트-1의 행성계는 다르다. 일곱 개의 행성 모두 크기와 질량이 우리 지구와 비슷하다. 전부 제2의 지구 후보가 될 수 있는 것이다.

트라피스트-1 행성들의 공전주기는 1.5~20일이다. 수성의 공전주기 80일보다 훨씬 짧다. 이것은 중심별과 아주 가까이 있다는 뜻이다. 그렇다면 너무 뜨거워서 물이 없을 수도 있지 않을까? 꼭 그렇지 않을 수도 있다. 태양의 표면온도가 5,500도인데 트라피스트-1의 표면온도는 3,000도에 불과하다. 게다가 크기도 태양의 1,000분의 1밖에 안 된다. 별이 작다는 것은 그 주변에 있는 행성에게는 큰 행운이다. 작은 별은 에너지를 천천히 소모하기 때문에 수명이 길다. 태양은 이미 수명의 절반이 지났다. 50억 년만 있으면 커다랗게 부풀어 올라 주변의 행성을 집어삼키겠지만 트라피스트-1은 그때도 여전히 유아기 상태다. 행성들은 여전히 안전하고 그 안에 있는 생명체들에게는 진화할 수 있는 시간이 무궁하다. 과학자들은 트라피스트-1의 다섯 번째 행성에 물이 있을 것으로 추정한다.

단 한 개의 문제만 해결하면 된다. 그것은 바로 거리다. 트라피스트-1까지의 거리는 불과 39광년. 빛의 속도로 39년만 가면 도착한다는 말이다. 현재 개발된 우주선의 최고 속도는 초속 25킬로미터. 이 우주선을 타고 가면 1만 2천 년쯤 걸린다. 다만 거기에 실어야 할 에너지 무게는 따지지 않았다. 왜냐하면 지구에는 트라피스트-1까지 유인우주선을 보낼 에너지가 있지도 않기 때문이다. 음, 지구를 떠나는 것은 불가능하다.

'외계 행성으로 이주할 노력과 에너지로 차라리 지구를 지켜보자'라고 마음을 다잡으려는데 트라피스트-1 행성계 발견과 함께 황당한 소식이 전해졌다. 아제르바이잔의 알리예프 대통령은 2003년 아버지에게서 대통령 자리를 물려받은 이후 헌법을 고쳐가면서 여태 대를 이어 최고 권력을 누리고 있다. 그가 이번에는 대통령 유고시 권한을 이어받는 수석 부통령에 자신의 아내를 임명하고 20대와 30대인 두 딸이 언제라도 대선에 출마할 수 있도록 대통령 피선거권 하한 연령도 폐지했다. 21세기에 봉건왕조를 건설한 것이다.

따지고 보면 이게 카스피 해의 먼 나라 이야기만이 아니다. 3대째 한 가족이 권력을 독점하고 있는 북한이나 오로지 선친의 딸이라는 이유만으로 대통령에 당선된 후 국정농단 세력에게 권력을 넘기고도 뻔뻔함을 감추지 않는 우리나라 대통령도 다르지 않다. 이대로는 못살겠다. 지구를 떠나란 말은 차마 못 하겠다. 다만 김병조 씨의 다른 유행어 하나를 빌린다.

"나가 놀아라."

# 꼬리 자르기

도마뱀은 그리 인기 있는 동물이 아니다. 일단 '뱀'이란 말이 들어 있는 게 영 께름칙하다. 하지만 뱀과 도마뱀은 그리 가까운 친척이 아니다. 도마뱀은 억울할 수밖에. 우리 언어생활에서도 도마뱀은 그다지 좋은 용례로 쓰이지 않는다. 기껏 생각나는 표현이라고는 '도마뱀 꼬리 자르기'뿐이다. 고위 정치인이나 재벌 기업가에게 큰 문제가 생겼을 때 자기가 책임을 지는 대신 영향력이 별로 없는 사람이 책임지게 하는 일 처리를 두고서 하는 말이다. 그런데 '도마뱀 꼬리 자르기'는 정말로 올바른 표현일까?

길에서 개와 마주친 사람은 먼저 개의 얼굴을 본다. 개가 자신에게 어떤 태도를 취하는지 확인하려는 것이다. 그런데 눈이 움직여야 얼마나 움직이겠는가? 아무리 봐도 잘 모른다. 이때 우리가 주목하는 부위는 따로 있다. 바로 꼬리다. 개의 꼬리를 보면 개가 나를 무서워하는지 아니면 반가워하는지 알 수 있다. 개가 꼬리를 흔들면 우리의 시선은 꼬리를 주목한다.

도마뱀도 마찬가지다. 막다른 길에서 천적과 마주치는 위험에 빠진 도마뱀은 일단 꼬리를 흔든다. 사람이 흔들리는 개꼬리에 주목하듯이 천적 역시 흔들리는 꼬리에 주목한다. 이때 도마뱀은 잽싸게 꼬리를 잘라버리고 도망친다. 천적은 여전히 살아서 꿈틀거리고 있는 꼬리에 정신이 팔려 있다. 도마뱀은 꼬리를 자른 덕에 위험에서 벗어난 것이다.

꼬리가 아무 데서나 잘리는 것은 아니다. 연골로 된 골절면이 있는 여섯 번째 이하의 꼬리뼈 마디에서만 잘린다. 꼬리가 잘려나가도 피는 거의 흘리지 않는다. 꼬리가 잘리는 즉시 척추혈관이 수축되기 때문이다. 통증도 상대적으로 적다. 그리고 골절면에는 줄기세포가 있어서 재생된다.

재생은 간단한 일이 아니다. 성장하는 동안 조금씩 자랐던 꼬리를 어떻게 단숨에 자라게 할 수 있겠는가! 시간이 오래 걸린다. 그리고 많은 자원이 투자된다. 원래 꼬리는 양분을 저장하는 곳이다. 기껏 비축해놓은 자원을 포기한 것이다. 파충류는 원래 죽을 때까지 자란다. 하지만 꼬리를 키우느라 다른 부분은 성장을 멈춰야 한다. 꼬리가 없으니 움직일 때 균형을 잡기가 힘들다. 당연히 움직임이 굼뜨다. 동물에게 속도는 생명과도 같다. 집단 내 서열이 순식간에 곤두박질친다.

다시 생긴 꼬리는 원래 꼬리와 같지 않다. 잘려나간 꼬리에는 뼈가 들어 있지만 새로 생긴 꼬리에는 힘줄만 있을 뿐 뼈가 없다. 따라서 이제는 영원히 꼬리를 자를 수가 없다. 그렇다. 도마뱀은 평생 딱 한 번만 꼬리를 자를 수 있다.

모든 도마뱀이 꼬리를 자를 수 있는 것도 아니다. 도마뱀은 모두 16개 과가 있는데 5개 과는 꼬리를 자르지 못한다. 11개 과에 속한 모든 종이 꼬리를 자를 수 있는 것도 아니다. 일부만 꼬리를 자를 수 있다. 잘 알려진 도마뱀 가운데 카멜레온과 왕도마뱀은 아예 꼬리를 자르지 못한다. 아가마과 도마뱀은 꼬리를 자르기는 하는데 다시 재생되지는 않는다. 그리고 꼬리를 자른 후 다시 재생되더라도 모양이 이상해서 첫 번째 꼬리인지 재생된 꼬리인지 쉽게 구분할 수 있다.

진화 과정에서 도마뱀이 꼬리를 자를지 말지를 결정하게 된 것은 어떤 천적과 함께 사느냐에 달려 있었다. 도마뱀을 좋은 먹잇감으로 삼는 동물은 많다. 때까치, 까마귀, 매 같은 새뿐만 아니라 여우 같은 포유류도 도마뱀을 좋아한다. 주로 날카로운 발톱으로 먹잇감의 꼬리를 꽉 쥐는 식으로 사냥을 하는 동물들이다.

같은 파충류인 뱀도 도마뱀을 좋아한다. 뱀은 쥘 수 있는 발톱이 없다. 도마뱀을 꽁꽁 옭아매서 숨통을 끊어야만 먹잇감을 삼킬 수 있다. 그게 어디 쉬운가? 뱀이 나타났다고 해서 도마뱀이 꼬리를 끊을 필요는 없다. 그런데 그 뱀이 독사라면 이야기가 달라진다. 도마뱀은 독사에게 살짝만 물려도 목숨을 잃는다. 도마뱀에게 독사는 가장 치명적인 포식자다. 실제로 도마뱀 포식자가 아무리 많은 곳이라고 하더라도 독사가 없는 섬에서 사는 도마뱀들은 꼬리를 끊지 않는다.

도마뱀의 꼬리를 끊는 재주는 독사 때문에 생겼을지도 모른다. 독사에게 물리느니 꼬리를 잘라내겠다는 생존전술이 선택된 것이다.

재생 능력만 놓고 보면 도마뱀은 사실 별것 아니다. 양서류의 재생능력은 더 뛰어나다. 도롱뇽은 다리를 재생할 수 있다. 단순히 근육만 생기는 게 아니라 뼈도 재생된다. 영원은 다리뿐만 아니라 턱과 눈도 재생된다. 하등동물로 내려갈수록 더 탁월한 재생능력을 보여준다. 불가사리를 잘게 썰면 각 조각이 하나의 불가사리가 된다. 플라나리아의 재생능력은 초등학교 교과서에도 실려 있다.

다른 동물들의 재생능력이 더 뛰어남에도 불구하고 '재생'이라고 하면 도마뱀이 떠오르는 이유는 스스로 몸을 잘라내는 자절(自切) 능력 때문이다. 지금까지 자절 능력을 보여준 동물은 도마뱀과 오키나와에 사는 달팽이뿐이다.

'도마뱀 꼬리 잘라내기'는 힘센 놈들이 자신의 죗값을 힘없는 약자들에게 온전히 덮어씌우고 빠져나가는 행위를 표현하는 말이다. 이런 데 도마뱀을 이용해서는 안 된다. 도마뱀은 그들보다 훨씬 훌륭하다. 도마뱀은 남의 꼬리가 아니라 자기의 꼬리를 잘라낸다. 엄청난 자원을 포기한 것이며 이후의 삶도 만만치 않은 것을 잘 알면서 잘라낸다. 그리고 일생에 단 한 번만 꼬리를 잘라낸다.

그런데 도마뱀 꼬리 잘라내듯 곤경을 모면하는 사람들은 어떠한가? 자기가 아니라 남을 도려낸다. 거의 모든 것을 내놓는 것이 아니라 아주 작은 부분을 포기할 뿐이다. 그리고 꼬리 자르기를 한 번만 하는 사람은 드물다. 그들은 평생을 그렇게 산다. 도마뱀이 그들보다 훨씬 훌륭하다.

재생능력은 하등한 생명체에게만 있다. 왜 인간에게는 그런 능력이 없는 것일까? 몸이 불편해진 사람들을 아직은 멀쩡한 사람들이 도울 수 있기 때문이다. 내 손과 발과 눈이 다른 사람을 위해 쓰일 수 있기 때문이다.

# 고래가 그랬어



〈고래가 그랬어〉는 아마도 우리나라에 하나뿐인 어린이 교양잡지일 것이다. '아이가 스스로 생각하고 행동하고, 마음껏 제 꿈을 펼치며 인생을 살아갈 수 있도록 하는 것을 의의'로 하다 보니 여러 가지 논란도 불러일으킨다. 평소 성향과 달리 내가 애써 이 잡지를 피한 데는 이유가 있다. 바로 잡지 이름에 들어 있는 '고래' 때문이다.

고래는 내게 공포의 대상이었다. 첫 만남이 그렇다. 전라남도 여수에 살던 초등학교 1학년 때였다. 한여름에 아버지가 대낮에 집에 오셔서 나를 데리고 부둣가로 가셨다. 고래가 잡혀 올라왔다는 것이다. 나도 만화책에서 봤던 그 어마어마하다는 고래를 보고 싶어서 잰걸음으로 달려갔다. 와우! 정말 산채만 한 시커먼 고래가 멀리서부터 보이는데 그 아래 사람들이 바글바글하고 고래 위에도 창칼을 든 사람이 여럿 올라가 있다. 이때까지만 해도 좋았다.

아버지는 나를 고래 바로 앞까지 데리고 가셨다. 맙소사! 바닥에는 시뻘건 고래 피가 흥건했다. 비닐 샌들을 신은 나는 고래 피 속에 발을 디뎌야 했다. 고래는 곳곳이 도륙되어 흰 살과 붉은 살을 드러냈다. 피비린내에 현기증이 났다. 그리고 울음을 터뜨렸다. 하지만 아버지는 한참이나 더 고래 구경을 하셨고 나는 내내 고래 피에 발을 담그고 있어야 했다. 이제 쉰 살이 넘었지만 아직 그때만큼 고통스러웠던 경험은 하지 못했다. 그야말로 고래 지옥이었다.

고래에 대한 공포에서 벗어난 것은 30대 중반이 돼서 영화 〈프리 윌리〉를 본 다음이다. 초등학교 다니던 큰딸이 좋아하는 영화였다. 수족관에 팔려온 범고래 윌리를 소년이 풀어준다는 이야기다. 등지느러미가 휘어지고 옆구리에 흰 무늬가 있는 통통한 윌리가 제방을 뛰어넘는 장면에서는 나도 모르게 환호했다. 이 영화가 좋았던 것은 고래 자체보다는 '자유'라는 주제 때문이었을 것이다.

〈프리 윌리〉는 1993년도 작품이다. 1995년과 1997년에 속편이 나왔다. 영화에 출연한 범고래는 자유로운 상태는 아니고 수족관에 잡혀와 쇼를 하던 고래였다. 그리고 본명(?)은 케이코. 사람들은 케이코에게 진짜 자유를 주기 원했다. 1998년 스물두 살의 케이코를 노르웨이 해안에서 방류했다. 인간에게 포획되어 오랫동안 인간의 포로로 살던 범고래를 자연으로 돌려보낸 최초의 시도였다. 영화에서는 그렇게 자유를 찾던 윌리를 연기하던 케이코는 자유를 만끽하지 못했다. 자연에 적응하지 못하고 자꾸만 가두리로 돌아왔다. 그리고 2003년 12월 12일 사람들의 보살핌 속에서 숨을 거두었다. 포로 고래에게 자유를 주는 게 쉬운 일은 아니다.

이에 비해 우리나라에서는 성공을 거두었다. 2017년 7월 18일은 제돌이와 춘삼이를 바다로 돌려보낸 지 4년이 되는 날이다.

이야기는 범죄로 시작한다. 2009년 제주 앞바다에서 남방큰돌고래 다섯 마리가 불법 포획되어 제주 퍼시픽랜드에 억류되었다. 퍼시픽랜드는 이 다섯 마리에게 제돌이, 춘삼이, 삼팔이, 태산이, 복순이라는 이름을 붙여주고는 가혹한 훈련에 들어갔다. 태산이와 복순이는 끝내 길들여지는 걸 거부해서 더 작은 수조에 갇혔다. 마치 감옥에서 규칙을 어겼다고 독방에 가두는 것처럼 말이다. 그리고 제돌이, 춘삼이, 삼팔이는 돌고래 쇼에 투입되었다. 그러다가 제돌이는 서울대공원으로 옮겨져서 쇼를 하게 되었다.

그런데 서울대공원을 방문한 과학자들이 제돌이를 알아봤다. 제돌이의 지느러미를 기억한 것이다. 지문으로 사람을 판별하듯이 과학자들은 지느러미를 보고 고래를 판별한다. 야생에서 살다 보면 지느러미가 찢기고 상처가 나면서 모양이 다 달라지기 때문이다. 고래를 연구하는 사람들은 주기적으로 고래의 지느러미를 촬영해서 어떻게 변하는지 기록하고 기억한다. 제돌이의 식별번호는 JBD009였다.

동물자유연대, 핫핑크돌핀스 같은 시민단체들은 돌고래들을 바다로 돌려보내자는 캠페인을 펼쳤고, 박원순 시장은 제돌이를 바다로 돌려보내기로 결정했다. 그런데 문제가 있었다. 오랜 세월 동안 사람과 함께 살던 고래를 바다로 돌려보내는 것은 위험한 일이다. 감염 때문이다. 고래 한 마리를 살리려다 고래 100마리를 죽이는 결과를 낳을 수도 있다. 미국에서는 쇼에 참가한 지 2년이 지난 고래는 방류하지 못하게 한다. 우리나라에서도 일부 과학자들은 반대했다. 물론 일리 있는 반대였다.

그럼에도 박원순 시장은 제돌이를 돌려보내기로 했다. 정치적인 쇼였을까? 그것은 아닌 것 같다. 까다롭기로 소문난 최재천 교수를 책임자로 모시고 1년 2개월이라는 충분한 준비기간을 준 것을 보면 알 수 있다.

적응훈련을 받던 삼팔이가 찢어진 그물 사이로 먼저 빠져나갔고 제돌이와 춘삼이는 2013년 7월 18일 제주 김녕 앞바다에서 고향으로 돌아갔다. 작은 수조에 갇혀서 건강상태가 나빴던 태산이와 복순이도 2015년 7월 6일 제주 함덕 앞바다에서 고향으로 돌아갔다. 다섯 마리 모두 야생 돌고래 무리와 잘 어울려 살고 있다. 그리고 삼팔이는 새끼를 낳아 데리고 다닌다. 쇼를 하던 돌고래가 야생으로 돌아가 새끼를 낳은 건 세계 최초다.

세계 여러 나라에서 돌고래를 방류했지만 모든 단계에서 과학적으로 분석하고 따라다니면서 모니터링을 한 예는 없다. 돌고래 방류에 관한 한 우리나라는 선진국이다. 지금도 제돌이와 춘삼이는 각각 1과 2라는 숫자가 적힌 등지느러미를 자랑하며 제주 해안을 헤엄치고 있고, 장수진 연구원

(이화여대 에코과학부 박사과정)은 이들을 비롯한 제주의 돌고래를 추적하고 있다.

그러나 아직도 우리나라의 수족관, 전시관 등에 갇혀 있는 돌고래가 39마리나 된다. 고래에게 자유를 주자. 그리고 아이들과 마주앉아서 "고래가 그랬어"라고 맘 편하게 이야기하자.

# 내가 꿈꾸는 과학관

나는 과학관장이다. 그것도 무려 역사상 처음으로 세워진 서울시립과학관의 초대 관장이다. 그런데 과학관 관장씩이나 되는 사람이 그냥 자기가 원하는 대로 과학관을 만들면 되지 왜 과학관에 대한 꿈만 꾸나, 궁금해 하시는 분들이 있을 것이다.

문제가 간단하지 않다. 시립과학관은 내 것이 아니기 때문이다. 시립과학관은 시민의 것이다. 하여, 시민의 필요에 부응해야 하고 변화를 위해서는 공감대가 필요하다. 시간이 필요한 일이라는 뜻이다. 그렇다면 내가 꿈꾸는 과학관은 어떤 곳일까?

**선진국 박물관 얘기는 그만 : 연구**

"스미스소니언 자연사박물관 가봤어요?"

"샌프란시스코 익스폴로라토리움은 정말 어마어마하죠!"

믿기 어렵겠지만 나는 아직 미국 물을 못 먹었다. 캐나

다와 미국 국경 역할을 하는 세인트로렌스 강 중간에 있는 미국령 하트 섬에 두 차례 가봤을 뿐이다. (그 섬에서는 캐나다 물을 판다.) 그래서 미국에 대해서는 할 말이 없다. 유럽 얘기만 하겠다.

많은 사람들이 런던의 과학관과 자연사박물관을 관람하고 오면 칭찬을 하느라 입을 다물지 못한다. 그리고 어마어마한 과학관과 자연사박물관이 없는 우리나라, 특히 서울의 처지에 대한 탄식을 늘어놓는다. 탄식은 우리도 그런 대규모 과학관을 지어야 한다는 열변으로 이어진다.

그런데 런던의 과학관과 자연사박물관 같은 게 우리에게도 필요할까? 만약에 영국 사람들에게 새로운 과학관과 자연사박물관(앞으로는 간단히 통칭하여 과학관이라고 하자)을 지을 기회를 준다면 다시 또 그렇게 지을까? 그렇지 않을 것이다. 내가 보기에 그곳은 규모는 웅장하지만 그리 좋은 곳이 아니다. 너무 많은 표본과 오브제를 감당하지 못하고 늘어놓았을 뿐이다. 그냥 구경하면서 사진 찍고 감탄하는 곳이다.

그렇다고 해서 런던과 파리의 과학관이 아무것도 아니라는 말은 아니다. 그곳들은 과학관의 중요한 기능 중 하나를 잘 수행하고 있다. 과학관의 기능이란 첫째는 표본의 수집과 전시, 둘째는 교육, 그리고 셋째는 연구다. 해외의 대형 과학관들은 연구 기능을 아주 잘 수행하고 있으며 분야에 따라서는 그 나라에서 가장 중요한 연구기관이기까지 하다. 심지어 박사학위를 직접 수여하기도 한다.

과학관의 기본 기능은 연구다. 연구를 하려다 보니 자연스럽게 쌓인 표본을 어쩔 수 없이 전시관을 지어 전시를 하게 되고, 전시를 하다 보니 시민을 위한 다양한 교육도 하게 된 것이다.

외국 유수의 과학관이나 박물관을 구경하고 온 사람들은 전시관의 뒤편에서 이뤄지고 있는 이 연구에 대해서는 아무런 관심이 없다. (도대체 과학관에 벤치마킹 하러 간 사람들이 거기에서 몇 명의 과학자가 무슨 연구를 하고 있는지 물어보지도 않는 이유가 뭔가!) 뜬금없이 화려하고 거창한 건물을 짓고 그 안에 온갖 화려한 전시물을 들여놓기 원한다. 그리고 결국 비슷하게 짓고, 비슷한 전시물을 가져다 놓는다.

건물은 작아도, 전시물은 보잘것없어도 그 안에서는 과학 활동이 일어나야 과학관이다.

**과학은 어렵다 : 교육**

"과학은 어려운 게 아니라는 사실을 아이들에게 알려줄 수 있으면 좋겠어요."

"맞아요. 과학은 신나고 재미난 것이잖아요."

과학 책을 쓰고 과학 강연을 하고 과학관을 지을 때 꼭 듣는 말이다. 공통점이 있다. 이렇게 말씀하시는 분들은 과학을 잘 모른다는 것이다. 아니, 자기는 과학이 어려워서 일찌감치 포기했으면서 왜 아이들에게만 과학이 신나고 재미난 것이라고 거짓말을 하는가. 다 어렵다. 역사도 어렵고, 영어도 어렵고, 지리도 어렵다. 그리고 과학은 더더욱 어렵다. 세상에 쉬운 게 어디에 있겠는가? 그나마 음악과 미술, 운동이나 무용처럼 타고난 재능이 없다면 아무리 노력해도 소용없는 게 아니라, 노력에 따라 즐길 수 있다는 게 얼마나 다행인지 모른다.

과학은 쉬운 게 아니다. 쉬워서 하는 게 아니라 어렵지만 그 어려움을 극복하고 깨달을 때 그리고 뭔가 새로운 것을 알아내고 만들었을 때 재미가 있기 때문에 하는 것이다. 그리고 새로운 발견과 지식이 이 세상에 의미가 있기 때문에 한다. 우리는 언제 행복을 느끼는가? 재밌으면서 의미가 있고 또 어느 정도의 불확실성이 있는 일을 할 때 행복하지 않은가. 여기서 말하는 불확실성이란 애매모호함이 아니다. 될 것 같기도 하고 안 될 수도 있을 것 같은 그 아슬아슬함을 말한다.

1970년대 중학교 3학년 국어 교과서에서는 굽쇠 던지기로 '호연지기'를 설명했다. 굽쇠를 아주 가까운 곳에 던져서 성공 확률을 높이거나, 터무니없이 멀리서 던져서 실력이 아니라 운으로 성공 여부가 결정되도록 하는 것은 호연지기와 상관이 없고, 연습과 집중을 하면 성공할 수 있는 거리에서 도전하는 게 바로 호연지기의 자세라는 것이었다. 적절한 불확실성과 호연지기를 경험하기 제일 좋은 게 바로 과학이다.

큰딸이 초등학교 4학년 때의 일이다. 과학 강연에 다녀

와서 신이 나서는 이렇게 말했다.

"아빠, 아르키메데스의 부력의 원리를 알아요?"

"뭔데?"

"음, 옛날에 시라쿠사 섬에 아르키메데스가 살았어요. (어쩌구저쩌구) 목욕탕 물이 넘치는 것을 보고 깨달았어요. 유레카! '유레카'는 '알았다'라는 뜻이에요. 신이 난 아르키메데스는 발가벗고 유레카를 외치면서 달려갔대요. 너무 재밌어요."

"그래? 재밌구나. 그런데 부력이 뭐야?"

"그건 이야기 안 해주던대요."

과학을 쉽고 재밌게만 가르치려다 보면 우리는 핵심을 빼놓고 과학자 주변의 일화만을 들려주게 된다. 과학관은 수익을 내야 하는 문화센터가 아니다. 과학관에서 이뤄지는 교육은 어렵더라도 과학의 본질에 도전해야 한다. 과학관은 답을 얻어가는 곳에서 멈춰서는 안 된다. 새로운 질문을 얻어가는 곳이어야 한다.

**과학자는 실패하는 사람이다 : 전시**

"와, 멋있다."

"정말 과학자들은 대단한 것 같아요."

"아, 나는 과학자가 될 수 없을 것 같아…."

과학관에서 보이는 청소년들의 전형적인 반응이다. 물론 과학관 전시물을 관람하면서 과학자의 꿈을 꾸는 아이들도 있다. 아니, 적어도 겉으로는 대부분 그런 반응을 보인다. 하지만 속으로는 과학과 점점 더 멀어진다. 왜냐하면 과학관에는 성공한 연구, 그것도 대성공인 연구 결과만 전시되기 때문이다.

실제로 과학자는 어떠한가? 과학자는 매일 실패하는 사람들이다. 제대로 된 가설을 세우는 데 실패하고 관측, 관찰, 실험에 실패한다. 자기가 얻은 데이터를 분석하는 데도 실패하고 논문을 쓰고 게재 허락을 받는 데도 실패한다. 매일 실패하다가 어쩌다 한번 성공한다. 그게 논문으로 남는다. 많은 사람들이 논문을 읽어주는 것도 아니다. 하지만 기쁘다.

수많은 실패를 겪고 나온 그 많은 연구 결과물 가운데 아주 극소수만이 과학관의 전시물로 변하여 화려한 주목을 받게 된다. 하지만 과학관을 관람하는 사람들의 눈에 들어오는 것은 성공, 성공, 대성공의 결과뿐이다. 처음에는 과학자들에게 감탄하고 그들을 존경하고 부러워하는 마음이 생겨서 그들을 닮고 싶다가 어느덧 자신이 영원히 도달하지 못할 어떤 장벽 뒤의 일처럼 여기게 된다. 그리고 과학의 세계에 들어오는 것을 포기한다. 과학은 그냥 관람의 대상일 뿐이다. (내게는 산이 그렇다.)

과학관에 왔다면 구경꾼이 아니라 일시적으로라도 과학자가 되어야 한다. 실제로 해봐야 한다는 뜻이다. 흔히 말하는 '체험'을 말하는 게 아니다. 과학관에서 하는 체험이라는 게 뭔가? 1번부터 10번까지 자세한 안내가 되어 있다. 단지 자기의 손으로 1번부터 10번까지 차례대로 안내에 따라 그대로 반복하면 된다. 그게 요즘 과학관의 체험이다. 망치려야 망칠 수가 없다. 잘 안 되면 선생님이 대신 해준다. 이런 체험에서는 실패를 경험할 수 없다.

과학관에 왔으면 실패를 경험해야 한다. 과학관은 방문객에게 실패할 수 있는 기회를 제공하고 방문객은 기꺼이 실패할 수 있는 일에 도전해야 한다. 그것이 메이커 활동일 수도 있고 오픈 랩 활동일 수도 있다. 따라하는 게 아니라 뭐든지 직접 고안하고 직접 수행할 수 있어야 한다.

### 사람이 전부다

대부분의 과학관은 Seeing의 단계에 머물러 있다. 이곳의 고객은 그야말로 Visitor다. 조금 더 발전한 곳은 Learning을 하는 곳이다. 이곳의 고객은 Learner다. 다음 단계의 과학관은 Doing을 하는 곳이다. 그렇다고 해서 Seeing과 Learning은 그만두고 이제 Doing만 하자는 말이 아니다. Seeing의 꺼풀 위에 Learning을 씌우고 그 위에 이제 Doing을 씌우자는 것이다.

도서관은 매주 혹은 매달 가야 하는 곳이다. 하지만 과학관은 매년 한 번만 가면 족한 곳이었다. 보면 그만이니까. 미술관과 달리 과학관은 전시가 자주 바뀌는 것도 아니니 당연했다. 이제는 계절마다, 아니면 학기마다 과학관을 찾는 청소년들이 있다. 좋은 학습 프로그램에 참여하기 위해서다. 새로운 과학관은 매일, 매주, 매달 가고 싶은 곳이어야 한다. 자기가 직접 연구 또는 작업을 하는 곳이면 가능하다.

과학관이 이런 역할을 하기 위해서 필요한 것은 무엇일까? 또 건물 짓고 장비 사는 것부터 생각하지는 말자. 말이 쉽지, 일반인들이 와서 과학을 한다는 게 얼마나 막연하고 허황된 일인가. 우리가 대학원 실험실에 들어갔다고 해서 자기 스스로 연구할 수 있는 게 아니지 않은가. 대학원에 튜터가 있듯이, 과학관에도 튜터가 있어야 한다. 다양한 분야의 과학자, 전직 교사, 기술자들이 있어야 이것이 가능하다.

건물 건축비 예산을 확보하는 일은 의외로 쉽다. 전시물과 장비를 사는 일도 그다지 어렵지는 않다. 그런데 전문가를 고용하는 데는 아주 인색하다. 심지어 인건비는 곧 혈세 낭비라고 생각하는 사람도 있다. 과학관에는 당장 눈에 보이는 일을 담당할 사람 이상의 사람이 필요한데 말이다.

내가 꿈꾸는 과학관을 만들려면 돈이 많이 필요하다. 그래서 여전히 꿈만 꾸고 있다. 그런데 그렇게 많은 돈은 아니다. 시민들의 이해가 조금 더 커지고 시민들의 필요가 조금만 더 늘어나면 얼마든지 금방 이룰 수 있는 꿈이다. 터무니없이 멀리서 던지는 굽쇠가 아니다. 여전히 재밌고 의미 있으며 적절한 불확실성이 있는 일이다. 그래서 일단은 지금 상태를 '행복'이라고 표시한다.

# 달콤, 살벌한 와인의 맛

재작년만 해도 우리 집 거실 구석에는 플라스틱 재질의 기다란 직육면체 가구가 전원이 뽑힌 채 놓여 있었다. 수납 기능도 없고 장식 역할도 하지 못하는 애물단지였다. 며칠 정도 쓸모가 있을 법도 했지만 아내는 그 기능을 허락하지 않았다. 그런데 작년 7월 하순부터 제 기능을 하고 있다. 그 가구의 이름은 에어컨이다. 손도 못 대게 하던 아내가 에어컨을 켜려는 가족을 나무라기는커녕 스스로 전원을 켜는 기적이 일어났다. 작년 날씨 정말 더웠다.

낮에 더운 거야 생활을 하면서 어떻게든 견디게 되는데 밤에 더우면 그야말로 미칠 지경이었다. 도대체 잠을 잘 수가 없기 때문이다. 더워서 잠을 이룰 수 없는 밤을 우리는 '열대야(熱帶夜)'라고 부른다. 열대야는 정식 기상용어는 아니고 일본의 유명 기상 캐스터이자 수필가인 구라시마 아쓰시가 만든 용어다. 일본 기상청은 하루 최저기온이 25도 이상인 날을 열대야로 정의하면서 기상용어로 흡수했다. 우리나라 기상청은 2009년부터 밤 최저기온이 25도 이상인 날을 열대야라고 정의하고 있다.

우리나라에서 열대야 일수가 가장 많은 곳은 서귀포시다. 열대야가 평균 25일이나 된다. 그다음은 제주시로 21일이다. 우리나라 최고의 피서지로 손꼽히는 제주도는 사실 가장 더워서 잠도 자기 힘든 곳인 셈이다. 육지에서는 창원이 15일로 가장 많고 서울시의 경우 연간 7일 정도에 불과하다. 그러니 서울 사람들이 제주로 피서를 가는 이유는 열대야를 피하기 위해서만은 분명 아니다.

그런데 작년이 정말로 유난히 더웠던 걸까? 천만의 말씀이다. 작년 7월 전국 평균 열대야 일수는 4일로 평년(2.3일)보다 1.7일 더 길었을 뿐이다. 기상관측망을 전국으로 확충한 1973년 이래로 7월 열대야 일수 6위다. 1위는 1994년(8.9일)이었다. 대부분의 독자는 작년 7월의 열대야 일수가 불과 4일이었다는 데 동의하지 못할 것이다. 이는 그야말로 전국 평균일 뿐이다. 제주는 7월 18일부터 31일까지 14일 연속 열대야였으며, 부산·포항·목포·여수·창원은 24일부터 31일까지 8일 연속, 서울도 21일부터 31일까지 28일 하루 빼고 열대야가 열흘이나 되었다. 1994년에 이어 역대 두 번째로 긴 열대야가 기록된 것이다. 그러니 작년이 유난히 더웠다는 말은 맞다. 도시에서는.

남쪽 섬과 도시가 더운 것은 이해가 되지만 남한에서 거의 최북단에 있는 서울이 전국 평균의 두 배가 넘는 열대야를 겪은 까닭은 뭘까? 열대야는 기본적으로 무덥고 습한 수

증기가 유입되고, 이 때문에 생긴 많은 구름이 낮에 달궈진 열을 밤에도 가둬두기 때문에 생기는데, 도시에서는 도시 열섬(Urban Heat Island) 현상까지 벌어진다.

도시 열섬 현상이란 콘크리트와 아스팔트로 덮인 지표면과 밀집된 인구가 사용한 각종 에너지가 전환된 열로 인해 도시 내부의 기온이 올라가는 현상을 말한다. 아스팔트와 콘크리트는 열을 잘 반사하지 못한다. 도시는 녹지가 적어 증발과 증산작용을 통한 냉각효과가 적다. 또 높은 빌딩은 바람을 막아 대류에 의한 냉각화도 방해한다. 에어컨과 자동차가 뿜어내는 열기도 어마어마하다. 열섬 현상은 특히 여름밤에 가장 강하게 나타난다.

매년 오르락내리락 하기는 하지만 지구의 평균 기온이 점차 오르고 있다. 기상청이 발행한 '한반도 기후변화 전망 보고서'에 따르면 21세기 후반 한반도의 폭염 일수는 현재 11일에서 최대 40일까지 늘어나고, 열대야 역시 37일에 이를 수 있다고 한다. 2001년부터 2010년까지 서울의 열대야는 평균 8일이었는데 과학자들이 예측한 대로 10년마다 열대야가 8일씩 늘어난다면 2100년에는 열대야가 무려 70일이나 될 것이다. 6월 중순부터 9월 중순까지 비가 오는 며칠을 제외하면 매일 열대야인 셈이다.

술이 간에 끼치는 나쁜 영향은 술을 얼마나 많이 마셨냐보다 며칠이나 쉬지 않고 마셨냐에 달려 있다. 마찬가지로 폭염 피해 역시 지속 일수에 좌우되는데 열대야는 폭염의 지속 일수를 늘린다. 지진, 홍수, 태풍은 그 모습을 드러내어 우리로 하여금 대비하고 조심하게 하지만 폭염은 눈에 보이지 않으므로 더 위협적이다.

독일에서 유학생활을 할 때 가끔 이삿짐 나르는 아르바이트를 했다. 독일은 인건비가 비싸서 웬만한 가정은 여러 날을 두고 가족끼리 짐을 나른다. 이삿짐 나르는 사람을 고용했다는 것은 꽤 부유한 집이라는 뜻이다. 이삿짐을 나를 때 가장 주의를 기울여 달라고 부탁받는 품목은 와인이다. 주인은 지하 창고에 어마어마하게 쌓여 있는 와인 가운데 특별히 조심해야 하는 와인들의 빈티지 넘버를 메모지에 적어 건네주었다. 빈티지 넘버란 포도를 수확한 해를 말한다. 햇빛 등의 조건에 따라 와인의 맛이 다르기 때문에 빈티지 넘버는 와인의 질을 말해준다.

19세기에는 기억할 만한 빈티지가 22개다. 거의 5년에 한 번꼴로 햇빛과 온도가 좋았다는 뜻이다. 20세기 전반기에는 12개로 19세기와 별 차이가 없다. 하지만 20세기 후반기에는 빈티지가 무려 20개나 된다. 20세기 후반에는 2.5년에 한 번꼴로 햇빛과 온도가 좋았다는 뜻이다. 지구가 그만큼 더워지고 있다는 뜻이다.

지구가 더워질수록 와인은 좋아지고 에어컨은 더 자주 틀어야 하며 이를 위해 더 많은 이산화탄소를 배출해야 하고, 다시 지구는 더 더워지고 에어컨을 더 틀고 더 많은 이산화탄소가 배출되는 악순환이 되다가 어느 순간에는 와인마저 맛을 잃는 순간이 오고야 말 것이다. 우리가 살아 있는 동안에 그때가 온다는 게 문제다.

# 여섯 번째 대멸종

지구는 살아있다. 실제로 지구가 생명이라는 뜻은 아니다. 대륙과 해양 그리고 대기의 모습뿐만 아니라 땅과 바다에 살고 있는 생명 역시 시시각각 변하는 것을 두고 하는 말이다.

지구에 살고 있는 생명이 시간에 따라 변하는 모습을 두고 그것을 자연의 신비라고 말한다. 그런데 그 변화의 방식이란 무엇일까? 바로 멸종이다.

멸종이라는 말은 우리 마음을 무겁고 슬프게 만든다. 사라지는 생명의 입장에서는 아쉽고 억울하겠지만 지구 생명의 지속가능성을 위해서는 꼭 있어야 하는 일이다. 지구 환경은 변하는데 어떻게 모든 생명이 멸종하지 않고 배기겠는가? 환경에 적응하기 어려운 생명이 사라져줘야 그 자리에 환경에 잘 적응할 수 있는 새로운 생명이 등장할 수 있다. 선배들이 자리를 비켜주어야 신입생이 들어오는 것처럼 앞 세대의 생명들이 자연에서 자리를 비켜주어야 새로운 생명이 등장할 틈이 생긴다. 그러니까 멸종이란 자연환경이 끊임없이 변하는 과정에 필연적으로 일어나는 자연적인 현상이다. 이런 과정이 바로 진화다. 수많은 멸종이 거듭된 끝에 우리 인류도 등장했다.

멸종에는 일상적 멸종과 대멸종이 있다. 일상적 멸종은 생태계를 어떤 위험에 빠트리지 않는다. 한두 종이 멸종되어도 생태계에는 별 탈이 없다. 얼마 동안의 시간이 지나면 그 자리에 다시 새로운 생명이 채워지기 때문이다. 그런데 생태계의 빈 틈새를 새로운 종이 채우기도 전에 또 다른 틈새들이 자꾸 생길 정도로 멸종의 속도가 빠르다면 이야기가 달라진다. 먹이 그물이 붕괴되면서 결국 모든 종이 위기에 빠지게 된다. 이렇게 해서 대멸종이 일어난다. 멸종이 빈자리를 몇 개 만들어서 새로운 생명이 등장하게 하는 기회라면 대멸종은 생태계를 거의 텅 빈 공간으로 만들어서 전혀 새로운 생명의 역사가 시작하는 대역사다.

지금까지 지구에는 다섯 차례의 대멸종이 있었고 대멸종에는 일정한 패턴이 있었다. 대기의 산성도가 높아졌고, 산소 농도가 떨어졌으며, 기온이 5~6도 정도 급격히 오르거나 떨어졌다.

가장 큰 대멸종은 지금으로부터 약 2억 4,500만 년 전에 일어났다. 이때 지구 생명체의 95퍼센트가 멸종했다. 95퍼센트의 생명이 멸종했다는 것은 100마리 가운데 95마리의 생명이 사라졌다는 말이 아니다. 100종류의 생명 가운데 95종류가 한 개체도 살아남지 못하고 싹 다 죽어서 멸종했다는 뜻이다. 나머지 다섯 종류의 생명도 잘 살아남은 게 아니다. 이들도 거의 죽었다. 다만 멸종만 하지 않았을 뿐이다. 이 대멸종과 함께 지질시대는 고생대에서 중생대로 넘어갔다.

6,600만 년 전 지름 10킬로미터짜리 거대한 운석이 멕시코 유카탄 반도와 충돌했다. 열폭풍, 쓰나미가 몰려오고 이어서 지진이 발생하고 화산이 폭발하면서 지구 기후를 완전히 바꿔놓았다. 70퍼센트 이상의 생명이 사라졌다. 육지에서는 고양이보다 큰 동물은 모두 사라졌다. 이때 커다란 공룡들 역시 모두 사라졌다. 다섯 번째 대멸종이었다.

공룡이 멸종한 6,600만 년 전부터 비로소 신생대가 시작되었다. 신생대는 제3기와 제4기로 나뉘는데, 260만 년 전에 시작한 신생대 제4기는 다시 플라이스토세와 홀로세로 나뉜다. 홀로세는 약 1만 1,700년 전부터 지금에 이르는 시기다.

지금까지의 지질시대는 지각과 기후의 변동으로 정해졌다. 그런데 지질학자들은 최근 인류에 의하여 새로운 지질시대가 도래했다고 주장한다. 따라서 현재의 지질시대인 홀로세를 끝내고 '인류세(人類世)'라는 새로운 지질시대를 공식화하자고 주장한다. 이것을 결정할 권위는 여태까지 지질시대를 결정해왔던 국제층서위원회에 있다. 그렇다면 인류세는 언제부터일까?

홀로세는 마지막 빙하기가 끝난 직후에 시작된다. 이때부터 인류는 농사를 짓기 시작했다. 홀로세는 지구의 입장에서 보면 정말 황당한 시기라고 할 수 있다. 그 전까지 38억 년 동안 지구에 있는 모든 생명은 지구 환경에 적응하며 살았다. 환경에 적응하지 못하면 사라졌다. 그런데 갑자기 환경에 적응하는 대신 환경을 바꾸는 생명체가 등장한 것이다. 바로 농사꾼이다. 이들은 농사를 짓는답시고 멀쩡한 숲과 들판에 불을 질렀다. 굽이굽이 알아서 잘 흐르던 물길을 바꾸고 물을 가두었다. 필요 이상으로 거대한 포유류들을 사냥해서 싹쓸이했다. 인류의 활동으로 인해 바다와 대기 그리고 야생 환경이 급격히 변했다. 일군의 과학자들은 신석기 시대의 시작점이 인류세의 시작점이라고 주장한다. 이것은 의미가 없다. 인류세가 지금 정해놓은 홀로세와 같기 때문이다.

다른 그룹은 산업혁명기를 인류세의 시작점으로 해야 한다고 주장한다. 이들은 신석기 시대부터 산업혁명 이전까지 멸종한 종보다 산업혁명 이후에 멸종한 종이 더 많다는 것을 강조한다. 지금의 멸종 속도는 역사상 가장 큰 대멸종인 세 번째 대멸종보다 더 빠르다.

하지만 지질시대를 단지 멸종만으로 나눌 수는 없다. 먼 후세의 어떤 생명체 또는 외계에서 온 지적생명체가 한눈에 알아볼 수 있는 지층의 특징이 있어야 한다. 이런 점에서 1950년을 인류세의 시작으로 보자는 주장이 힘을 얻어가고 있다. 1950년대부터 전 세계에서 벌어진 핵실험으로 방사능 낙진이 지층 흔적을 남겼다. 플라스틱과 콘크리트 같은 기술화석이 지층에 축적되고 있다.

인류세가 언제 시작되든 우리 인류는 여섯 번째 대멸종을 목격하고 있다. 지난 다섯 번의 대멸종과 견주어보자. 대기 산성도는 오히려 조금씩 개선되고 있다. 산소 농도도 21퍼센트로 일정하다. 문제는 기온이다. 현재 지구 온도는 이미 산업혁명 이전보다 1도 정도 올라간 상태다. 5~6도까지는 아직 먼 것처럼 보인다. 그런데 기온은 2도까지는 완만하게 오르지만 2도에 도달하면 급격히 상승하게 된다. 기온 상승을 2도에서 막지 못하면 여섯 번째 대멸종은 금방 오고 말 것이다. 대멸종이 500년 뒤일지 1만 년 뒤일지는 아무도 모른다. 또 몇 퍼센트의 생명이 사라질지도 짐작할 수 없다. 다만 지난 다섯 번의 대멸종을 돌이켜보면 최고 포식자는 반드시 멸종했다는 사실만은 확실하다. 그런데 지금 인류세의 최고 포식자는 누구인가? 우리 인류다.

# 의도적 지향성

쏠배감펭은 사자 갈기처럼 생긴 가슴지느러미에 독이 있는 물고기다. 쏠배감펭은 순우리말이다. 영어로는 라이온피쉬(Lionfish), 그러니까 사자물고기다.

『물고기는 알고 있다』라는 책에는 쏠배감펭이 공동 사냥을 떠나는 장면이 나온다.

> "사냥을 신청하는 쏠배감펭 한 마리가 다른 물고기에게 접근해 고개를 숙이며 가슴지느러미를 펼친다. 그러고는 꼬리지느러미를 몇 초 동안 재빨리 흔든 다음, 양쪽 가슴지느러미를 천천히 번갈아 흔든다. 신청을 받은 물고기가 지느러미를 흔들어 맞장구를 치면, 여럿이 함께 사냥을 떠난다."

무기 역시 가슴지느러미다. 펼친 가슴지느러미로 궁지에 몰린 작은 물고기를 번갈아 공격한다. 사냥이 끝난 후 전리품은 공평하게 나눠 먹는다. 이런 장면을 보고서는 '물고기의 기억력이 3초'라거나 '물고기는 통증을 느끼지 못한다'고 말할 수가 없다. 과학자들은 이미 물고기가 통증을 느낄 뿐 아니라 생각을 하며 사건에 따라 몇 년 전의 일도 기억한다는 사실을 밝혀냈다.

물고기의 협동은 종(種)의 장벽을 넘기도 한다. 그루퍼라는 물고기는 곰치에게 접근해 온몸을 흔들면서 공동 사냥을 제안한다. 한 팀이 된 두 물고기는 함께 산호초 주변을 헤엄치며 먹잇감을 찾는다. 곰치는 산호초 사이의 좁은 공간에서 물고기를 추적하는 역할을 한다. 그루퍼는 산호초 주변의 탁 트인 공간에서 민첩하게 움직인다. 불쌍한 먹잇감은 도망칠 곳이 없다. 두 종은 자신에게 부족한 점을 채워줄 짝을 찾은 것이다.

아예 그루퍼는 먹잇감이 숨어 있는 곳 위에 가서 물구나무를 선다. 곰치에게 먹잇감의 위치를 알려주기 위해서다. 표정을 지을 수 없고 가리킬 손도 없지만, 자기가 원하는 것에 파트너가 관심 갖기를 바라서다. 물고기는 공동 관심을 원한다.

이게 전부가 아니다. 이들이 공동 사냥을 제안하고 수용하는 장소에서는 아직 먹잇감이 보이지 않는다. 이들 물고기는 눈앞의 이익만 좇는 게 아니라 미래를 계획할 줄 아는 것이다. 세상살이에 계획이 필요하다는 것을 알고 당장 이익이 없더라도 친선관계를 유지한다.

저자인 동물행동학자 조너선 밸컴이 물고기의 협동에

서 가장 아름답게 여기는 것은 '의도적 지향성'이다. 두 마리의 물고기가 자신의 욕구와 의도를 서로에게 전달하고 해석함으로써 결과를 이끌어낸다는 말이다. 개체의 욕구를 사회적 결과로 이끌어낸다. 어떻게?

물고기, 새, 침팬지에 이르기까지 동물 집단에는 공통적 의사결정 수단이 있다. 바로 투표다. 목적과 과제를 위해 효율적으로 투표한다. 물고기가 투표를 한다고? 사실이다. 우두머리 물고기가 먹잇감을 정하면 다른 물고기들은 그를 따를지 말지를 지느러미를 이용해 투표한다. 물고기는 알고 있다. 우두머리 한 마리의 결정보다는 민주적 투표에 따른 집단적 결정의 이득이 크다는 사실을.

물고기 민주주의는 먹잇감만 결정하는 게 아니다. 지도자도 선정한다. 물고기는 과연 어떤 지도자를 선호할까? 과학자들은 물고기 민주주의를 연구하기 위해 로봇 물고기를 이용했다. 생김새와 헤엄치는 모습이 하도 비슷해서 물고기들도 구별하지 못할 정도로 정교한 로봇이다. 이 실험의 주인공은 소설과 드라마를 통해 부성의 상징이 된 큰가시고기다. 외톨이 큰가시고기는 로봇 물고기를 따르는 경우가 많았다. 심지어 로봇 물고기가 포식자에게 다가가는 어처구니없는 행동을 할 때도 그를 따랐다. 하지만 일정한 규모 이상 무리를 이룬 큰가시고기는 로봇 물고기를 따르기만 하는 대신 안전한 행동을 취했다. 혼자서는 지도자에 저항하지 못하지만 반기를 드는 물고기 수가 충분해지면 어리석은 지도자를 따르지 않고 안전을 택했다. 물고기는 민주주의를 위해서는 최소 규모의 집단이 필요함을 우리에게 알려준다.

물고기의 갈등이 포식자와 피식자 사이에만 나타나는 것은 아니다. 같은 종 사이에서도 일어난다. 하지만 인간과 달리 피 터지게 싸우는 일은 없다. 부상과 죽음이란 최악의 결과를 피하려는 본능이 있기 때문이다. 위험 회피를 위한 가장 흔한 방법은 큰 소리를 내거나 몸을 부풀리고 색깔을 화려하게 바꾸는 식으로 허세를 부리는 것이다. 때로는 반대로 약점을 노출시킴으로써 상대방을 안심시키기도 한다. 허세와 유화정책은 많은 경우에 통한다. 이게 통하지 않으면 제3자가 등장해 중재한다. 중재자는 일방적으로 한쪽을 정한다. 어쭙잖게 중립을 취하지 않는다.

물론 가장 좋은 덕목은 자제력을 발휘해 화기애애한 분위기를 연출하는 것이다. 어항 속에서는 호전적인 물고기로 알려진 수컷 베타 두 마리를 연못에 넣으면 화기애애해진다. 어항이라는 폐쇄적 공간에서는 사생결단을 할 수밖에 없던 베타도 넓은 공간에서는 서로를 용인하고 평화롭게 지낸다.

민주주의가 어떻게 작동하는지는 물고기도 알고 있다.

# 살아보기 전에는

갈릴레오 갈릴레이의 아버지 역시 여느 아버지와 다르지 않았다. 아들을 의사로 만들 생각이었다.

갈릴레오 또한 여느 자식과 다르지 않았다. 처음에는 아버지의 뜻에 따라 의사가 되기 위해 피사 대학에 입학했다. 하지만 수학과 천문학에 탁월한 재능이 있음을 깨닫고 아버지를 설득해 수학자의 길을 걸었다. 수학자가 된 갈릴레오는 2,000년 동안이나 유럽 사회를 지배했던 천동설을 뒤엎은 위대한 인물이 되었다.

찰스 다윈의 아버지도 마찬가지였다. 조부 때부터 내려온 의사라는 직업을 자식들에게 물려주고 싶어 했다. 두 아들을 억지로 의과대학에 진학시켰다. 찰스 다윈도 다른 자식과 마찬가지로 아버지 뜻에 따라 형의 뒤를 이어 의과대학에 진학했다. 그러나 찰스 다윈은 형과는 달리 비위가 약하고 예민했다. 마취제 없이 진행되는 수술을 지켜보지 못하고 수술실을 뛰쳐나왔다. 기껏해야 딱정벌레나 잡는 놈이라고 역정을 내는 아버지 때문에 어쩔 수 없이 신과대학에 진학했다. 하지만 그곳에서 지질학, 식물학의 스승을 만나고 자연학에 대한 재능을 발견했다. 결국 찰스 다윈은 『종의 기원』을 썼다. 수천 년간이나 유럽 사회를 지배했던 종의 고정성을 부인하고 생명은 끝없이 진화하고 있으며 인간 역시 수많은 생명 가운데 하나라는 이론을 확립했다.

만약에 갈릴레오와 다윈이 아버지 말을 듣고 평생 의사로 살았다면 어떻게 되었을까? 그들이 아니라도 그 누군가는 지동설과 진화론을 확립했겠지만 역사의 발전은 꽤나 늦었을 것이다. 또 두 사람도 행복하지 않았을 것이다. 머리에서 터져 나오는 아이디어를 실험하고 관찰하지 못해서 가슴이 새카맣게 탔을 것이다. 두 사람이 아버지의 말을 듣지 않고 의사가 아닌 수학자와 자연학자의 길을 간 것은 개인에게나 인류에게나 복되고 복된 일이다.

변화는 도둑처럼 찾아온다. 700만 년 전 침팬지 계통과 갈라선 인류는 거의 전 역사 동안 1억 명을 넘지 못했다. 서기가 시작할 무렵에야 겨우 2억 명이 되었다. 증기기관이 발명될 무렵에는 그 수가 두 배가 되었고, 1804년에야 10억 명을 돌파했다. 내가 태어난 1963년에는 전 세계 인구가 35억 명이었으나 지금은 75억 명에 달한다. 내가 살아있는 동안 지구 인구는 두 배가 된 셈이다. 700만 년 동안 거의 변하지 않은 인구수가 불과 200년 사이에 기하급수적으로 늘어난 것이다.

직업 세계도 도둑처럼 변하고 있다. 로봇과 인공지능이

본격적인 활동에 들어갔기 때문이다. 2013년 옥스퍼드 대학의 칼 베네딕트 프레이(Carl Benedikt Frey)와 마이클 A. 오스본(Michael A. Osborne) 교수는 앞으로 20년 안에 현재 직업의 절반이 사라질 것이라고 봤다. 텔레마케터, 회계사, 소매업자, 작가, 부동산 중개인, 기계 기술자, 비행기 조종사 등이 대표적이다. 어떤 직업이 새로 생길지는 살아보기 전에는 알 수 없다.

의사들은 아직 크게 긴장하고 있지 않지만 IBM의 왓슨 같은 로봇 의사의 등장은 의료계의 직군 분포를 크게 바꿀 것이다. 아직 왓슨이 할 수 있는 일은 많지 않다. 하지만 왓슨은 시작일 뿐이다. 새로운 인공지능 의사들이 경쟁적으로 등장하기 시작하면 인간 의사의 역할은 크게 줄어들 것이다. 아무리 생각해도 지금 의과대학을 다니는 학생들은 지금의 40~50대 의사처럼 살 수는 없다. (의사가 되지 말라는 말이 아니다. 의사는 인류에게 꼭 필요한 직업이다.)

어느 부모가 자식이 잘되지 않기를 바라겠는가. 갈릴레오와 다윈의 아버지도 자식 잘되기를 바라는 마음에 의사가 되라고 권했을 것이다. 그들의 시대만 하더라도 부모의 경험과 지혜가 자식에게 크게 도움이 되던 시절이었다. 왜냐하면 같은 시대를 살았기 때문이다. 하지만 그 시대에도 아버지의 뜻을 따르지 않은 갈릴레오와 다윈의 판단이 옳았다.

이제는 완전히 다른 시대다. 부모의 지난 인생 경험이 자식에게 거의 도움이 되지 않는 시대다. 부모가 살았던 시대는 자식이 살아갈 시대와 전혀 다르기 때문이다. 부모의 권고는 한 귀로 듣고 한 귀로 흘려야 하는 시대다. 다만 부모의 애정만은 가슴에 품으면서 말이다.

# 이해할 수 없는 창의성

"이것 봐라! 기계가 사람을 이길 수는 없어. 컴퓨터가 아무리 똑똑해봤자 사람에게는 어림도 없지." 1996년 2월 18일 전 세계 언론은 이렇게 호들갑을 떨었다. 그해 2월 10일부터 17일까지 당대 세계 체스 챔피언이었던 가리 카스파로프와 IBM의 슈퍼컴퓨터 딥블루(Deep Blue)의 다섯 차례 체스 대국에서 3승 2무로 인간이 승리했다.

나도 덩달아 두부처럼 연약한 인간의 두뇌가 반도체와 구리선으로 연결된 슈퍼컴퓨터를 이긴 사실에 대해 자랑스러워했으며 인체와 생명의 신비를 찬양했다.

그러나 우리의 우쭐함은 잠깐이었다. 그게 끝이었다. 이듬해인 1997년 5월 IBM은 딥블루를 개선한 디퍼블루(Deeper Blue)를 새로운 도전자로 내세웠다. 디퍼블루는 당시 세계 259위의 슈퍼컴퓨터였는데 512개의 칩으로 초당 2조 개의 위치를 계산해냈다. 디퍼블루는 지난 100년 동안의 주요 체스 대국 기보를 기억했으며 열두 수를 내다보았다. 결과는 1승 3무 2패로 가리 카스파로프의 패배. 경기가 끝난 후 카스파로프는 "나도 이해할 수 없는 기계의 창의성을 보았다"라고 말했다.

그렇다. 창의성이란 하늘에서 툭 떨어지는 게 아니다. 무슨 괴상한 생각을 해내는 게 창의성이 아니다. 해 아래에 새로운 것은 없다. 창의성이란 있는 것들을 이렇게 엮고 저렇게 편집하여 새로운 것으로 보이게 하는 것이다. 창의성의 근본 바닥에는 기억된 지식이 있다. 기억이 없으면 창의성도 없다.

1996년을 마지막으로 인간은 머리 쓰는 분야에서 컴퓨터를 거의 이기지 못했다. 2011년에는 두 명의 미국 퀴즈 챔피언이 IBM의 컴퓨터 왓슨과 함께 미국의 퀴즈쇼 〈제퍼디!〉에 출연하여 게임을 벌였다. 출제되는 문제는 에베레스트 산은 해발 몇 미터인가 따위가 아니었다. 구문을 분석해서 논리적으로 추론해야만 풀 수 있는 문제였다. 지식뿐만 아니라 논리와 유머를 이해해야만 했다. 결과는 왓슨의 승리. 그래도 우리 인간들은 자존심을 지킬 여지가 있었다. 당시 왓슨에게는 100만 권의 책이 입력되어 있었기 때문이다. 단지 기억력의 차이일 뿐이지 사고능력의 차이와는 거리가 멀다고 여전히 우길 수 있었다.

다행히 인간에게는 바둑이 남아 있었다. 바둑 전문가들은 바둑만큼은 컴퓨터가 사람을 이기지 못할 것이라고 했다. 바둑은 체스나 장기처럼 상대방의 말을 없애는 방식이 아니라 빈칸을 채워나간 후 집의 크기를 비교하는 방식인데다가 무한의 경우 수가 생기는 '패'도 있고 두터움이나 기세처럼 인공지능이 이해할 수 없는 영역이 많아서 알고리즘을 만들기 어렵다는 게 그 이유였다. 실제로 체스와 퀴즈에서 사람이 매번 지는 것과 달리 바둑에서만큼은 컴퓨터가 사람의 상대가 되지 않았다.

그런데 알량한 자존심마저 지킬 수 없게 되었다. 2017년 5월 23일부터 5월 27일까지 바둑 세계 랭킹 1위인 중국의 커제는 구글 딥마인드 팀의 알파고와 세 차례 맞대결을 펼쳤다. 결과는 3전 전패. 알파고는 딥 러닝 기술을 통해 게임을 거듭할수록 실력이 늘었으며 세계 랭킹 1위는 속수무책이었다.

스티븐 호킹 박사는 인공지능이 100년 안에 인간을 지배하는 시대가 올 것이라고 했다. 터무니없는 얘기다. 우리에게는 그렇게 긴 시간이 남아 있지 않다. 인공지능은 이미 IT 분야를 뛰어넘어서 과학, 의학, 예술, 언론, 상담 및 상업 분야로 진출하여 많은 매출을 올리고 있다. 대부분의 독자들은 자신도 모르는 사이에 인공지능과 대화를 하고 인공지능의 혜택을 받고 있다. 앞으로 인공지능은 인간을 지루하고 힘든 노동에서 해방시켜줄 것이다. 인공지능을 갖춘 기계들이 1년 내내 24시간 쉬지 않고 일할 것이다.

이것이 의미하는 바는 분명하다. 사람들은 일자리를 잃고, 노동조합은 설 자리가 없어진다. 그렇다면 자본가들의 세상이 될까. 천만에. 이대로 가면 자본주의는 붕괴한다. 구매력이 없는 시장이 자본주의에 어떤 득이 되겠는가. 진지하게 모든 사람에게 '기본소득'을 지급하는 것을 고민할 때다. 재원확보 방안이나 직업윤리를 따질 때가 아니다. 자본주의가 붕괴하느냐 마느냐의 문제다. 아직까지는 기본소득이 자본주의를 구원할 유일한 수단으로 보인다.